自宅職人

20種完美平衡工作與理想的生活提案

Home Business

作者——寫寫字工作室　　統籌——王玉萍　　攝影——林靜怡

序

一種工作方式、一種生活態度

文字——王玉萍（寫寫字工作室負責人）

「自宅職人」不是某項特定行業者，而是泛指一群在家工作的職人，不是繼承家業，也不是接案的自由工作者，他們是思考「有沒有更好的工作方式」後，不再把工作與生活切斷，選擇在家裡創業，從事喜愛的專業維生。

這本書提及的自宅職人們居住在花蓮，有在地人、有移居者。把自己的專業放進以觀光為發展重點的縣市裡來，提供好品質的產品、自己接待，期待讓客人感受在地生活氛圍與特色。他們在沒有任何學說倡議的時空之下，在花蓮各地有機地紛紛冒出來，共同展現一種非典型的工作方式、實踐同樣價值觀的生活態度。

他們從事的工作，還是能勉強歸類到傳統行業別，但更常聽他們提及的是「為什麼做這個工作」——

「因為我太喜歡了，每天起床第一個念頭，就是想去開烘豆機。」是開咖啡館的準沒錯！

「我設計遊程的目的，是想要做對海洋環境友善的事。」嗯，應該跟旅遊業或漁業有關。

「這個世界很多東西都生產過剩，所以我鼓吹客人最好不要再多買新衣服了。」這是什麼行業啊？

請見「大書 Studio」，舊衣重製。

他們真的分佈「各行各業」，居然都能很厲害地將住家改造、把工作納入，從事喜歡的工作、過著符合期待的生活。

但每一位創業的過程，都非常辛苦。沒有典型效法，一切自已想辦法。

這本書的誕生過程，很像它自己，也是非典型的。自宅職人的工作空間，是從住家改造的。這本書的原型是從三冊地方誌而來。

「寫寫字採編學堂」於二〇一七年出版學員作品介紹三十三位在家工作者，從中精選十五位並新增五位，改編成這本書。要從雜誌型態轉為書，它的形式內容都需要改造。我們想要加強職人經營之道與空間使用，居然又花了一年時間重新補訪問、補拍照、繪製平面圖，充分體驗「改造比做新的還難」，但也因此收錄了職人們更多蛻變、豐富的樣貌。

例如「魂生製器」在這一年更改名稱，因為發展方向不只是初衷「好想生活」。原本地方誌中描述他們如何從跨國企業離職、搬回故鄉花蓮創業，現在書中可看見他們一路辛苦與堅持，磨練長出的志氣，「剛得到通知，我們獲得二〇一八年的國家優良工藝品獎，是宜花東唯一得獎的工藝師！」

不論你住在哪個城市，若要自創好工作，卻苦於不知「材料哪裡買、工具哪裡有」，可參考本書附錄，自宅職人們不藏私分享的「經營支援系統」。如果你想拜訪自宅職人，歡迎翻閱本書地圖與行程推薦來一趟，體驗這一群很專業又有趣、深信「工作本來就在生活裡」的職人們提供的，各式非典型接待與好食好物。

目次

用喜歡的養活自己

珈琲花 Caffe Fiore

文字——魏均安

我真的比較好運，做著自己喜歡的事情，又可以養活自己。
曾在台北的一間店看到一首詩，就像我開店的心情，所以也把它貼在咖啡店裡：
因為生活是活的，如果可以的話，偶爾陪我不吃肉。
學習照顧植物，去人少的地方旅行，覺得還有力量的時候畫畫，
當一個能捍衛自己生活方式的英雄，如果可以的話。——蔡雅如

01

花蓮市

從花蓮文化創意園區正門口的圓環轉進忠孝街，前方坐落一間迷你但很容易被吸引過去的老房子，因為很生動：三兩個客人坐在面對馬路的大窗內悠閒喝咖啡，窗上垂掛一串串造型低調卻醒目的乾燥花。第一印象難免會好奇，這是賣花的地方？還是賣咖啡？

影響從一杯咖啡開始蔓延

多年前，老闆蔡雅如的家人移居到花蓮，她則留在台北念大學、工作。計畫跟朋友到澳洲打工渡假的等待過程中，回花蓮生活一段日子，偶然在報紙上看到市區一間咖啡店在徵人，便趁著空檔期去試試。從澳洲回國後，這間店的老闆因為缺人手邀請她回去，這一次雅如對咖啡的興趣才真正被啟蒙了，她甚至想過在這間不在計畫之內的咖啡店待一輩子，「因為遇到一群夥伴們，大家相處的實在太開心了！」雅如說，自己也因此喜歡上煮咖啡、烘豆子。

雅如喜歡上咖啡店的工作之後，覺得自己的生命也轉變了，慢慢地會開始注意使用的杯具、聽的音樂、環境該有的擺飾，甚至周遭各種事物與細節。於是再到台北找的工作場所，都是咖啡店。在國外連鎖咖啡店工作到即將升為店長時，她仔細思考確定，這不是想要的工作模式，便辭去了外人眼中大好機會的職務。

「決定回到花蓮，開一間自己的咖啡店。」當下有這個決定時，是完全不害怕的，因為知道有支持自己的朋友就在花蓮，在第一家咖啡店工作時認識的夥伴們，當中已經有人出來開店實現理想了，所以相信自己也可以放手試試看，最後撐不下去，頂多就是再回台北工作。

老房子慢慢修

從決定開店找房的過程中，目標已經設定是以老屋

為主，「不想開在大街上，喜歡在小巷子裡面有社區感覺的地方。」雅如說，會找到現在的位置做落腳處，是媽媽朋友的推薦，這位朋友覺得自家對面正在招租的小房子，很適合雅如描述的理想模樣。雖然房子又小又老一看就知道需要很花心力整修，她看過房子後沒多久就決定租下來，整個整修過程卻花了將近半年，但雅如卻覺得很幸運，「在整修房子的同時，我也將開店要用的東西都找好了。而且同時溝仔尾議題被花蓮人熱烈關注，希望老屋被好好使用不要被拆除的想法，讓我們也得到比較多的注意。」

介紹老房子的朋友，白天雖有正職，但正好擅長木工，這也讓她感到幸運，「他本身對木料非常了解，平日有幫人做一些原木傢俱的整修，也蒐集一些老物件、鐵器，做的東西比較偏向創作，所以會是慢工出細活的工作模式，像是店內的一些燈具、椅子便是木工師傅的傑作。」

珈琲花是一體的

果然也有很多人會問，這裡是以賣什麼為主？雅如笑說：「大家可能誤會了，我真的是以咖啡為主，乾燥花只是興趣，因為自己很愛看，想將兩個都能當成支持自己的東西。」

咖啡是喜歡也能養活自己的工作，乾燥花創作則是再忙也不想斷掉的興趣。乾燥花是她在台北工作轉換期接觸到的，陸續在台北、台中找老師上課學習。喜歡大自然的雅如，在一樓門口、二樓小陽台都種滿花草，營業空間裡則隨不同季節掛各式乾燥花束與花圈，或是簡單垂掛也很美的乾燥花材。「賣乾燥花的一點點利潤，可以抵銷買花材的成本，讓我能不停汰換店內的乾燥花，再去買新鮮的花材回來玩。」

雅如很需要經由製作乾燥花的專注時光，讓自己慢慢調整呼吸回歸平靜心情，以保有好能量面對

每天不停的工作。好處不只如此，大櫥窗上隨季節更換主題乾燥花，應該也是小小咖啡店讓人百看不厭的大功臣了。雅如設計了一款很能代表這間咖啡店的乾燥花，是拿使用過的咖啡濾紙作為包材。米色咖啡濾紙的邊緣染成深咖啡色，蓋上店名 Caffe Fiore，挑選任何乾燥花包裹其中，都能成為可愛討喜的小花束。

想學乾燥花的朋友會跟雅如預約時間，大約是早上十點開始，講解與選花材約一個小時，接下來便會將整個空間留給客人專心做花，遇到問題隨時提出。若下午的營業時間到了還沒做完的話是不用擔心的，可以留下來繼續將作品完成。

店中真正屬於美麗意外的是甜點，雅如在台北的咖啡店工作時也需要製作甜點，於是現在甜點都不必假他人之手，因為客人喜愛，做甜點反而變成是工作中重要一環了，在營收比例上，甜點可占到兩三成。每天都有五、六種甜點口味外加餅乾可選擇，

連續假日時最多可有十種口味！當中受歡迎的檸檬起司蛋糕，搭配的是雅如爸爸種的香水檸檬。

分享是很棒的事

使用的咖啡是好朋友烘焙的豆子，雅如旅行時也會購買喜歡的豆子，介紹給客人嚐鮮分享。因為房子小其實空間沒有太大的區隔感，所以二樓也分享給客人，這個空間是一個經過細心打理的窩，或坐或臥的低矮沙發與數張矮桌，戶外擺放植物的小陽台也開放出去，時常坐著喜歡遠望的客人。細心的客人去過幾次就會發現，二樓空間隔一段時間會更換傢俱位置或佈置，平日若客人少，窩進去會不想離開。「因為自己有時候也會想逃離所處的空間，這時候便需要想辦法調適。」早上或打烊後，二樓就是雅如獨處的好地方，製作乾燥花、看書或者就只是發呆。

雖然有請一位夥伴分擔工作，但身為經營者，即

便店休的日子還是要準備隔天的東西、思考與調整經營方針，沒辦法完全放鬆。除了平日營業前後窩在二樓稍作放鬆，為得到真正的休息，每年春秋兩季會各休約半個月長假，與工作夥伴好好放空或遠途旅行。

咖啡、乾燥花、甜點、老屋、老東西……雅如生活上喜歡的，都在工作空間中呈現出來了，她說：「希望來到這家店的人能有回家的感覺，進來可以是很放鬆的，不用顧及太多事情，如果客人可以在這間店認識其他朋友，那就更好了。」雅如相信可以，因為她就是因為咖啡店，而認識了想要相處一輩子的好朋友、開啟了願意經營一輩子的工作。

職人條件

1. 人格特質

觀察力：對生活周遭有感受度、敏銳度。例如，咖啡店部分，要觀察客人、觀察自己的產品。花藝部分，觀察大自然的變化，增加自己的美感。

好奇心：時時增進，保持一個年輕的心。

吃苦耐勞：開店當老闆，必須有堅強的意志跟體力。

責任感：對事業、夥伴、客人，有照顧好的責任感。

2. 基本配備

咖啡：咖啡技術，甜點技術，服務的技能，基本財務技能。

花藝：挑選整理花材、製作作品的能力。

珈琲花 Caffe Fiore

2015 年開業

地址：花蓮市忠孝街 79 號

電話：03-8325172

營業：13:30-21:00

臉書：Caffe Fiore 珈琲花

（每週三公休，不定期長假會公佈在臉書粉絲專頁）

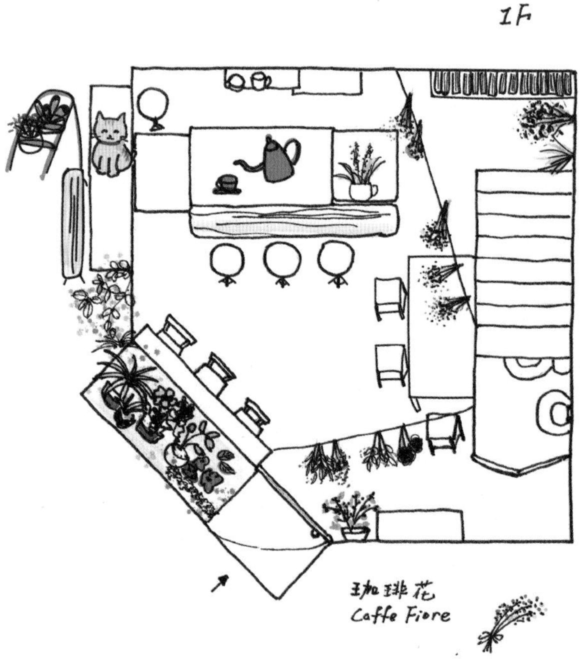

● 老闆的一天

07:00-09:00	偶爾外出採買或待在二樓發呆
09:00-12:30	製作甜點，每月二次杯測，偶爾有乾燥花預約教學或訂單製作
12:30-13:30	早午餐，開店準備
13:30-21:00	營業時間，傍晚人少時晚餐、製作甜點
21:00-23:00	店休收拾，偶爾製作甜點或乾燥花
23:00-24:00	盥洗，休息

● 經營支援系統

1. 人力： 老闆、僱一人
2. 裝潢： 木沐工作室
3. 設備： 傢俱燈飾__秦境老倉庫、B.A.B.Restore、唐青古物商行
老物件__重慶市場、加興資源回收行、台北福和橋下市集
杯盤__ Giocare 義式手沖咖啡、日本採買、MAO's Design
4. 原料： 咖啡豆__ Giocare 義式手沖咖啡
甜點材料__大麥食品原料行、萬客來烘焙原料行
水果__重慶市場、親友種植
乾燥花材__台北內湖花市，花蓮運達鮮花店
5. 客源： 本地客約 30%、外地客約 70%

02

花蓮市

好想發現，各種舒適自在的生活方式

花蓮好書室

文字——鄭佩馨

曾經來家裡住過的客人，雖是萍水相逢，卻還能被他們記得，繼續和我們分享他們生命中某些重大事件，感覺很棒。有時候則是客人在我們面前展現生活可以更自在的方式，或讓我們理解孩子和父母間會有的狀態，這些都是開業時沒想到的意外收穫。——張美保

張書榜和張美保在東華大學唸書時交往，兩人在北京工作居住期間雖然有很棒的創業機會，但考慮到生育還是回到陽光空氣水都好的台灣，又特別喜歡花東，二〇一四年決定搬到花蓮創業。他們都愛旅遊，想找老房子改建背包客棧和工作室，美保恰好懷孕，一時間找不到理想老房子便買下預售屋，開始規劃「花蓮好書室」民宿也是自己的家，同時迎接女兒澎吧的到來。

雖然都沒有觀光業的經驗，但將多年旅行住宿的美好印象融入設計，中文系的美保與資工系的書榜合作完成的網站，將民宿風格定位得非常清楚。

尋找氣味相投的客人

因為是自己家，他們想讓「和主人一起住」這件事變成優點而非缺點，乾淨、舒適、體貼是必備條件，著重舒服自在的生活質感。開業前沒做過民宿業的市場調查，也沒廣告行銷，想單純靠口碑經營吸引

氣味相投的客群，營業後感覺交了許多朋友。

「因為我家有某些因素令你喜歡才會來訂房，所以我也帶著對待朋友的心來面對。」美保喜歡和人互動，書榜則是要熟一些才談得上話。他們從實際經驗中找到最佳分工方式：書榜負責接待客人 check in 介紹，每組流程大約三十至四十分鐘，誠意推薦吃住行程、認識環境。美保負責較長的交流時刻，通常在澎吧入睡後的深夜食堂或早餐時段，與客人互動最多。這時彼此較熟悉了，書榜也會自在加入。美保會在每組客人預約的前一小時開始準備早餐，讓客人陸續用餐。美保笑說，遇到談得來的客人很開心，但聊越多睡越少，早上就痛苦了，一樣要準時起來做早餐。並非刻意聊天，而是交流這件事已內化到生活裡了。

客人帶來很多故事

由於在訂房過程就開始逐步溝通、了解彼此需求，

常有客人會說就像曾見過面的朋友。當然也曾有幾次臨時訂房又取消的不悅經驗，不想為了衝營業額弄亂原有生活節奏，讓家人心裡委屈，於是決定只接預約付訂金的客人。若房間已備好，讓客人提早 check in 也無妨，這樣生活就更有餘裕了。

現在已經能把客人當成朋友來訪，放心把房卡交給對方後就自由來去，只要保持聯絡順暢，適時解決對方疑問，脫開「我是民宿管理者需要一直在現場」的緊張框架。從觀察客人狀態也學到很多，若看起來似乎心情不好，就多想一下對方可能遇到某些狀況，不只憑初見印象評斷，盡量客觀看事情。

當初評估會有自己家族長輩偶爾來訪，因此他們設置電梯，同理客人能帶長輩來旅行入住。每一間房設計各具特色，是設想提供回流客人不一樣的住宿感。民宿剛起步時孩子也出生，澎吧睡不著時，擔心吵到客人，只好開車夜遊哄睡，後來

為了減輕心理壓力、讓客人安心入眠，就乾脆不賣與主臥室同層的房間。

對於自家作為與客人共享的空間，他們貼心也大方，最在意的，竟是客廳的整面大書牆，「其他弄丟都沒關係，書不可以不見！」書榜找朋友用整根原木特別製作的頂天書架，非常吸引目光，擺滿精選分類的書籍。美保說：「小時候會翻爸爸的書櫃，一本本抽出來好奇地看，覺得是很棒的閱讀經驗，所以也想讓澎吧有自然而然接觸書的環境，隨著成長過程找出興趣所在。」觀察客人注意的區塊，就知其屬性愛好，不少客人都喜愛這裡放鬆閱讀的氛圍，甚至還會跟美保討論版本差異。

夫妻合作是一種修煉

書榜原先還有接網站設計等專案，初期美保盡量全權處理民宿事務，讓書榜可專心趕工，然而澎

吧成長階段生理時鐘常有變化，「我們曾經爭執過好幾次，關於兩人在接案、民宿、家庭，心力分配的比例。」美保說：「一定要感覺到疲累的極限點在哪，及時喊停。不能因為狀況不好就不接待不做早餐不打掃，殃及無辜。一般人吵架，從生氣、釋懷到交流，可能是好幾天的過程，但我們必須在下一組客人來之前即時處理掉那些部分，不能積怨。」

現在澎吧已成長到可理解大人的狀態，生活作息穩定，跟客人互動良好，一家三口步調逐漸穩定。美保說：「只要認知這個家和工作是黏在一起的，彼此都有犧牲、付出、疲累，爭吵可以看成是一種溝通，前提是要能有效解決問題，講開就好了。」

在花蓮，找自己

經營民宿後，他們發現其實生活有很多的樣貌，不是只有某種制式狀態才能生存，事在人為。他

們未來還想利用民宿空間做些特別活動規劃，書榜也觀察到花蓮的軟體資訊業市場很大，可吸引更多元人才，採取遠端工作模式，會是新的創業可能。

對於想來花蓮工作的人有何建議？他們認為，「對於經濟較無安全感的人，一定要慎思。」先有心理準備脫離舒適圈，再來開疆闢土。例如颱風季可能會讓民宿很久沒客人，要做好承擔風險的心理準備，「若是在花蓮帶給自己的生活壓力比在北部還大，就本末倒置了。」

當天災發生影響人們減少到花蓮旅遊時，一家三口的因應之道不是坐困愁城，而是「出發去旅行」，本來就喜歡旅行才會想做民宿，不如趁著淡季時走訪台灣其他城市。只是，二人帶不足三歲的孩子單車環島，在很多人眼中真是大挑戰。美保對於單車環島帶給家人的影響嘖嘖稱讚，「我們養成了早睡早起的好習慣，不吃深夜食堂後身體負

擔減少。最讓人意想不到的是，澎吧超愛旅行，完全沒有不適應，旅程中我們停下來休息一下下，她就會說，可以開始繼續騎了！」

一家三口的「花蓮好書室」，讓自己一步步站好，不論淡旺季，都能享有真正的舒適和自由。

職人條件

1. 人格特質

開放的心：對於各種突發狀況，都要有一定程度的包容與開放的心，不帶偏見和人相處。

喜歡乾淨：以乾淨舒適做為重點的住宿空間，自己安心了、客人才會安心。

敏銳度：能迅速覺察客人的個性、取向，才能良好地與其互動。

好奇心：每個人的生命歷程都是獨特的，像看不完的書，好奇心讓人會期待下一組客人。

2. 基本配備

資訊：自己收集喜歡的。

花蓮好書室

2016 年開業

地址：花蓮市林政街 33 巷 23 號

電話：0930-106882

網站：www.haohouse1939.com

臉書：花蓮。好書室

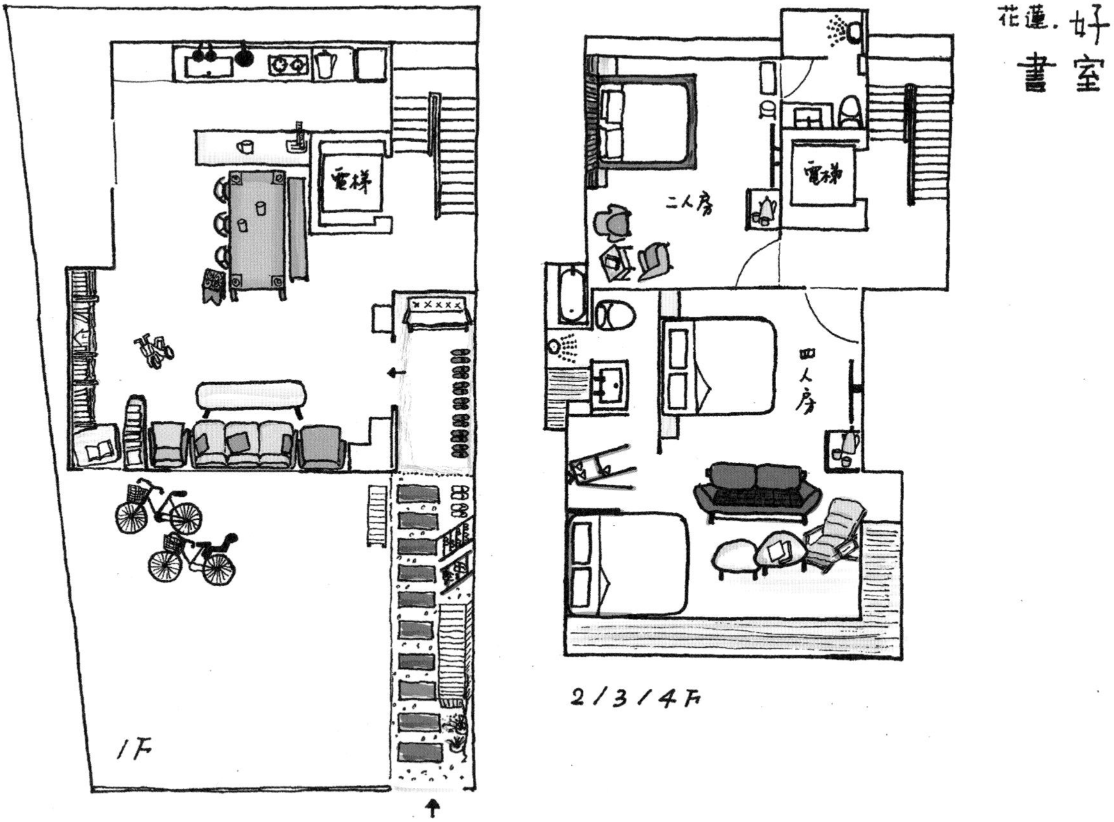

老闆的一天

08:00-10:00	書榜照顧澎吧，美保準備客人早餐、清理廚房
10:00-14:30	書榜進行房務打掃，美保接手陪澎吧、招呼客人 check out（無客人日，外出採買在家用餐）
14:30-15:00	工作完成買外食迅速午飯（無客人日，出門走走）
15:00-17:00	書榜接待客人 check in（無客人日，出門走走）
17:00-19:00	晚餐、散步
19:00-21:00	美保哄澎吧睡覺，書榜招呼客人
21:00-00:00	盥洗，休息
00:00-02:00	偶爾是折備品時間

經營支援系統

1. 人力：	老闆二人、孩子一人
2. 裝潢：	房間裝潢、書牆 __ 木沐
	廚房裝潢 __ 名爵系統櫥櫃
	儲物收納櫃體 __ 宏暐設計
	裝飾 __ 美保的畫、書榜的攝影
	招牌 __ 蘋果廣告印刷招牌
3. 設備：	燈具 __ 嘖嘖、淘寶、IKEA
	家具 __IKEA、有情門、東一傢俱
	冷氣 __ 昶欣電器行
	家電 __ 集雅社專櫃(花蓮遠百)
	床單組備品 __ 台灣立傑
	毛巾 __ 無染（花蓮文創園區櫃）
	小件用品（托盤、牙刷架、餐墊）__ 無印良品（花蓮遠百）
4. 客源：	本地客約 5%、外地客約 95%(其中國外客約 2%)

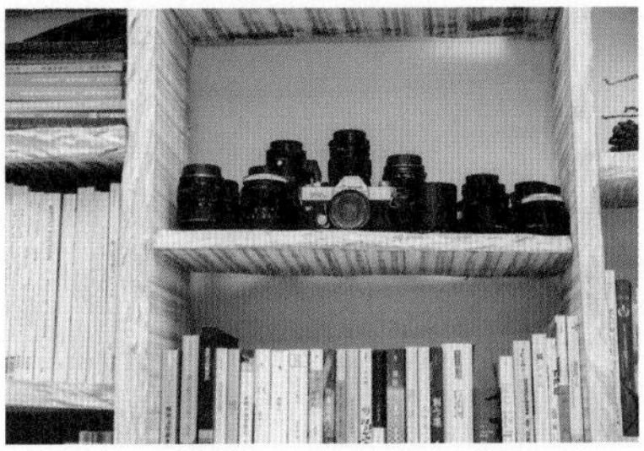

工作是生活的一部分

半寓咖啡

文字——邱瑩盈

半寓，顧名思義有一半是自己的家。
即使沒有成立半寓咖啡，
現在的設計跟擺設也都是我們心目中家的樣子。——羅一詠

03

花蓮市

左：范暄，右：羅一詠

這裡是一詠與范暄對於理想空間的想像與實踐。在半寓裡，住家與店面的空間界線是清楚的，一樓店面、二樓住家。概念界線則是模糊的，店像家裡客廳讓人放鬆，吸引了各地來客。

一間店的靈魂總是揉合了許多店主人的生命經驗與想法，會選擇坐落在老城區的成功街，也與她們旅行的記憶有關，「在別的國家旅行時，我們喜歡走進住宅區街道，去感受他們的生活樣貌，如果無預警地遇到一間很棒的小店家時，就會覺得特別的開心。」

半寓位於花蓮市區內較狹窄的老街區，還看得見老當鋪等舊時代風華的痕跡，半寓店門口上方也保留著舊時店家斗大手寫招牌「美琪乾洗商店」。

不會膩的地方

客人一進門必會注意到的大木桌，就佔了整間店

的四分之一空間。一詠說：「我覺得不認識的客人共享一個桌子，彼此做自己的事情，這個感覺還蠻好的。」

很難把木工與氣質斯文的一詠做連結，「因為喜歡木工，就特別去學。」這句話聽來簡單，卻需要有高度的執行力才能夠實踐，這大木桌與店內層架等都是她親手打造，這也是她對家與店結合的心念實踐，用手工的溫度讓來這裡的客人步調放鬆。

如何營造讓客人放鬆的感覺呢？不會只是傢俱裝潢。經營半寓對一詠來說，是一件在生活中很自然而然的事情。因為她們是先搬進這個老房子居住，花費近一年邊生活、邊整理，慢慢形塑出這個空間的生活感，「因為整理這個空間，是自己很想要做的工作，就不會真的覺得有那麼艱難了。」完成這個空間後實在是很喜歡，一詠笑著說：「有時打烊後也會做甜點，范暄回來了，我才驚覺，咦？我好像一整天都沒出門耶！」

住店合一節省的交通往返，成為彈性調配時間，可以是居家生活、可以是各自分工。客人喝的咖啡搭配的甜點，都出自她倆的手藝。

不論早上有沒有分工做甜點、烘豆子，兩人都會一起早午餐，通常是搭配看齣劇，一種台灣人都很熟悉的家庭生活樣貌。營業時間前半小時下樓到咖啡館打掃，就當是轉進另一個家——歡迎客人來喝咖啡放鬆身心的家。一直到晚上八點打烊，上樓換另到一個家。兩個家之間的樓梯，像是任意門一般，讓她們轉換了身份與心情。

在半寓，她們不只實踐了如何運用空間轉換工作與生活，經營的心態也是。目前店內除了一詠與范暄，還僱請一位正職人員。一詠說，因為自己也曾經是員工，成為雇主後也時常轉換心態去同理員工，會很努力思考怎麼讓營運更好，才能給員工較優的福利，雇主與員工都覺得好的經營，才是真正的好。

喜歡到，醒來就想烘豆子

范暄從事咖啡工作十幾年，在台中工作時的店以義式咖啡為主，會跟一位賣豆子的好朋友學沖單品，原本玩玩的心態，到花蓮開店後認真了起來，「因為想要自己烘豆子，比較能掌握呈現的風味。」范暄說，有人問過她比較喜歡烘豆子還是煮咖啡？她的答案是，其實覺得是沒有區分的。烘豆子就像開啟一件事情，烘完試喝確認風味、開店煮咖啡、客人品嚐，這整件事情才算完成了。每天為客人煮咖啡的時間約五個小時，獨自烘豆的時間約兩三個小時，「也沒有上下班的區別啊！就是整天在做喜歡的事情。」范暄說差別只在於，「夏天太陽早出來就早上烘豆，冬天想睡飽些就晚上烘豆。」

似乎只要跟咖啡有關，都讓范暄感到很有意思，例如幫別的店家或客人烘豆子時，鼓勵每個人用記憶裡熟悉的味道來描述，「鹹味、酸味、像梅子、

鹹餅、藍莓……」范暄都會試著去調配呈現，「風味抓住了，再來調整烘焙度，通常都可以做到對方喜歡的口味。」

能調配出旅行的記憶嗎？

原本是護理人員的一詠，投入咖啡行業後，也不斷研究咖啡知識，並考取感官師證照。她們注重每一個細微的環節，都是為了呈現理想咖啡風味與樣貌，例如「黑霧配方」的出現。店裡每天都會有兩種不同的配方調製黑霧配方，是用單一產區的咖啡豆。她們選擇喜愛的日曬豆雙重烘焙做S.O.E.（Single Origin Espresso）呈現，一般人會覺得深烘焙的豆子厚重、帶點焦苦味，黑霧配方入口的厚度跟深焙的嗆氣很明顯，但尾韻卻還是帶有豆子本身的酸跟甜，在鼻腔也能聞到迷人的水果香氣，甜感餘韻更是令人感到深刻，層次拉得很分明。

黑霧配方的出現，是因為她們曾經有一次到京都旅行，喝到這樣調配的咖啡很喜歡，回來後就開始研發，憑著專業手感與嗅覺，真的完成了記憶中的味道。

煮一杯咖啡的意義

一詠之前曾在重症病房及安寧病房工作，理解病痛帶來的心理壓力折磨著病人，對於家屬也是嚴苛的考驗，於是與門諾醫院合作，每個月兩次到安寧病房煮咖啡。由於咖啡對大部分的癌症病患來說，並不是禁忌飲食，因此不會特別調整配方，讓病人及家屬能夠喝到最原味的半寓咖啡，讓喝杯咖啡這樣的日常事情在醫院裡能靜靜地發生。一詠希望透過咖啡時間帶給他們舒緩的心情，有繼續往前的動力。

一詠強調，想要開一間咖啡店，要真的是很喜歡咖啡，若只是覺得很浪漫或好賺錢，那真是一種

幻想，「當你喜歡咖啡的時候，一定會有想要呈現的咖啡風味或樣貌，這是每一個吧台手獨特的地方，一支相同的豆子、不同的詮釋會產生不一樣的風味，吧台手有自己想要呈現的獨特味道，就足夠去吸引你想要吸引的客人。」

職人條件

1. 人格特質

喜愛留意細節：在空間佈置、甚至是端出的一杯咖啡等，越留意細節，越能讓人感到印象深刻。

2. 基本配備

咖啡專業知識：咖啡知識不斷更新，所以當一直保有熱情，才能持續充實。

閱讀各式設計書籍：增加對空間擺設更多的想像。

半寓咖啡

2015 年開業

地址：花蓮市成功街 316 號

電話：0911-763-747

營業：14:00–20:00（每週三公休）

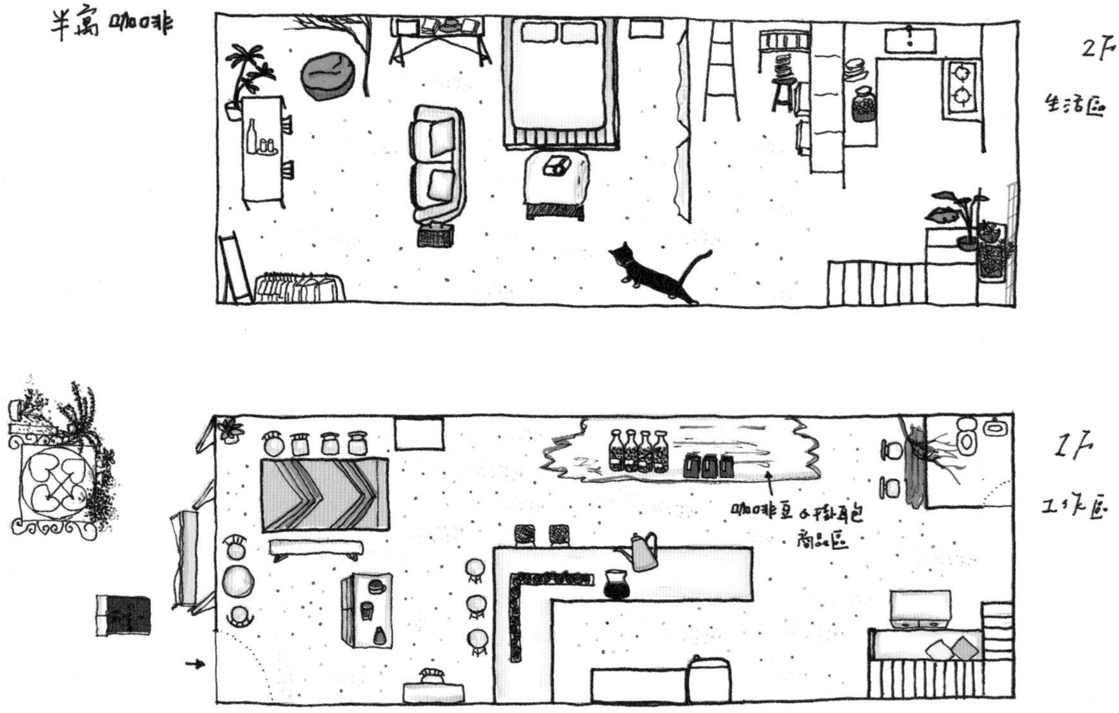

老闆的一天

08:30-10:00	一詠製作甜點、范暄烘豆或外出採買
10:00-13:30	早午餐，一起看一齣劇
13:30-14:00	開店準備
14:00-20:00	營業時間
20:00-22:00	店休收拾，一詠製做甜點、范暄烘豆
22:00-23:00	盥洗，休息

經營支援系統

1. 人力：	老闆二人、僱一人
2. 裝潢：	馬先生工班，一詠自製木桌與層板
3. 設備：	杯盤__ Giocare 義式手沖咖啡 老物件__加興資源回收行、新協發台灣民藝懷舊老傢俱雜貨、Delicate antique
4. 原料：	咖啡豆__老闆烘焙 甜點材料__大麥食品原料行、萬客來烘焙原料行、苗林行
5. 客源：	本地客約 30%，外地客約 70%

工作融入日常，一切都自由了

大書 Studio

文字——王玉萍

04

花蓮市

朋友聽到我白天出門喝咖啡，好奇問，「你不用工作嗎？」

我真的有一直在工作室裡做車縫工作啊！

因為採預約制事先都安排好了，我喝完咖啡就回去工作啦！

做自由工作者，要非常的自律，

有點像在心裡設一個開關，可以馬上切換。

在規律的日常作息中，其實是非常自由的。——大書

「這樣做會不會太浪費時間？」正用小剪刀拆解牛仔褲口袋的大書微笑說：「其實這些時間，如果去做沒有意義的事情，才是一種浪費吧！」她說話時沒有抬頭，繼續用她的時間去拆解牛仔褲口袋。這些曾被主人視為可丟之物，經由大書的設計縫製而有新樣子，成為另一人的可用之物。她曾在台北辦展的主題「衣服的永續計畫」，就是用收集來的牛仔褲拆解後做成圍裙、隔熱手套、衛生紙套等等生活布用品。

自由工作者更需要規律

舊布重製不只為展覽，工作室裡一直有新舊布料搭配的商品推出，大書對舊布處理細膩、材質也混搭得宜，而且訂價宜人，很吸引人下手購買，一反我們對手工昂貴的印象。大書說：「我計算每件商品需要花多少時間來訂價，就是賺工錢。」

大書有一個本子，用來紀錄每天的工作量，接到

訂單時先評估需要多久的時間製作？然後排進本子裡，每個工作單都有一個完成日期。大書說：「我按照順序做，完成就打個勾，客人什麼時候要來拿都沒有關係。」因為那個勾打下去的日期，通常比預定的要提早幾天。

一個頭腦超級清晰的創作者，把接單評估原則極簡化，「只有三個考量，一個月能接多少量的工作、是否能賺到足夠薪水、是否影響到生活作息。」大書成立工作室後的一日作息大約是這樣：早上在二樓悠閒吃早餐、看書，然後煮午餐，午餐後到一樓工作至晚上六點停工，上二樓煮晚餐。晚餐後是休息或與友人外出，偶爾工作沒有達到預期進度，才會再下樓繼續工作。

當計畫外之事，發生時

她真心建議想在家經營工作的人要看清自我特質，「如果無法自律真的很辛苦，沒有把生活與工作好

好安排，會覺得每天都一直被逼著。」因為她有類似的切身體驗，「那個月，很恐怖。」大書笑著說。

曾經接到一個訂單，是某位善心人士要送給一間教會孩子們新的彌撒服，三十件，一人工作的大書評估工作期需一個月。那段日子來到工作室的客人都看見，工作桌上一大疊整齊堆好的白色布匹，牆上掛一件嶄新兒童彌撒服，是正在趕工的樣品。原本是另一件舊彌撒服送到大書手裡當樣品，「既然已經要用純棉布料製作讓孩子穿起來舒服，那麼樣式也要更好看吧！」忍不住要做好的心念戰勝了時間壓力，大書決定重新打版，「吃完早餐就要趕快下來工作，有時做到晚上十點半還做不完。」雖然是規劃內的工作，持續一個月的趕工真有被時間逼著走的心情。

也許人生自有祕密計畫

大書是服裝設計科系畢業，打版縫製手藝一流。從

d

台北服裝公司離職搬回家鄉高雄的六年多期間，陸續在咖啡館與書店工作，並沒打算重拾專業，卻在一趟旅行後意外移居花蓮，還坐回了縫紉機前。

原本計畫到花蓮打工換宿一個月的放鬆旅行，意外地異常忙碌，「每天都客滿，其實我第一個禮拜就想回高雄了。」接著民宿管家職位出缺，民宿女主人懇請她幫忙，這當然不在大書計畫中，「我答應留下來一年。」一個心軟的決定，讓她沒再離開花蓮。

大書個性負責極適合當管家，看到民宿的窗簾抱枕等布品破損了，隨即反應，「這需要車補。」民宿女主人借來縫紉機、熨斗，看她俐落完成民宿布品修補，提議不如以車縫的專業來貼補管家少少的薪資，於是介紹大書把作品拿到隔壁店家寄賣。民宿工作結束，大書又陸續幫朋友們成立了兩家店，認識更多在地朋友，「原本我的人生裡面真的沒有創業的計畫，但很想留在花蓮，那

我到底可以怎麼活下去？」

那些看似相悖的，都回歸在一起

有空間就能做，有專業就能活。她把住家一樓整理成工作室，桌椅全是民宿女主人與好朋友們借的，店招 logo 也是做布品跟設計師朋友交換來，第一年的客人幾乎是認識的朋友。之前接二連三不在計畫中的事，好似為了「大書 Studio」在鋪路。

「我以前高雄的老闆來訪，說我怎麼住在豪宅裡？」大書笑說。這二層樓小房子，確實先天就討喜。先由一位美術老師改造為教學畫室，之後移交給從事美術設計的學生，經過二手專業設計，門面與大致空間頗有美感。接著透過大書心思縝密的規劃運用、巧手佈置，讓也從事設計的前老闆都稱羨。

一樓是工作室，主要分為工作區與倉庫區。工作區兼展示空間，倉庫區後方小院子可晾曬染布。

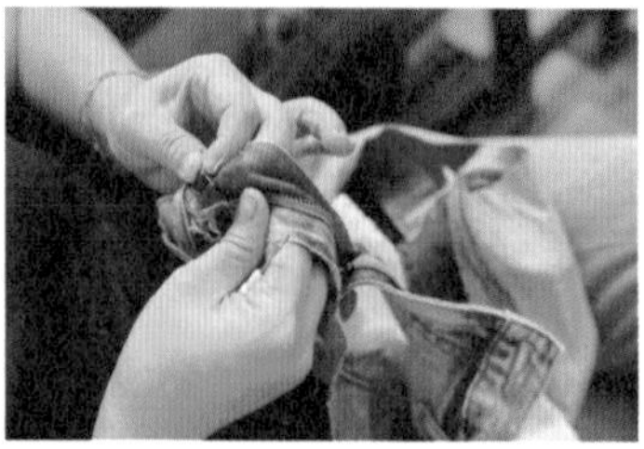

二樓是生活空間，臥室、廚房、用餐兼看書區、染布晾曬第二區。空間各自獨立也相互關聯，遊走其間不用解說也能清楚明白，這是一條生產與生活流暢的路徑。

大書的布品，只使用純棉、麻等天然材質，新舊布料搭配。在一樓前方的展示空間，客人欣賞到的一件件美好布製品，都是大書從後方倉庫憑經驗挑選新舊布料搭配、巧手縫製出來的。她說舊布來源僅由朋友提供就源源不絕，這個世界很多東西都生產過剩、甚至危害生態，於是做了一般人不會做的事情——鼓吹客人「最好都不要再多買衣服了」。

她把信念實踐為經營特色，提供「舊衣重製」的超級客製化成服務，不論訂大量或訂一件，都一樣花時間做詳細溝通。例如把牛仔褲改為包包、舊T恤襯衫拼裝成另一款新衣等。接單過程彎像預約門診的，傾聽客人需求、共同討論作法，「因為我時時會回想在台北工作學習到的，用同一個心態去服務

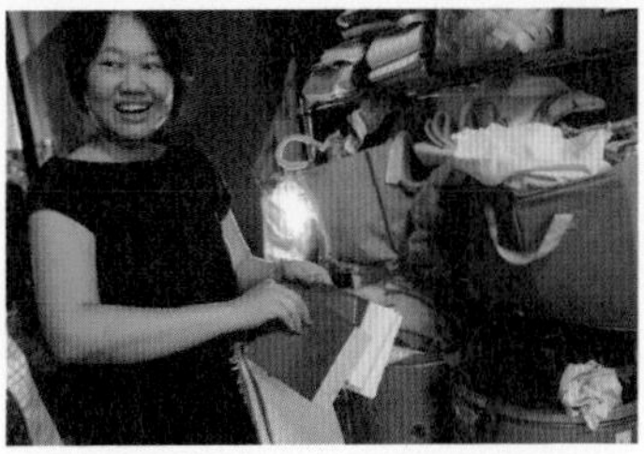

每一位客人不同的需要。」

她照顧布料也照顧客人，不吝傳授好手藝，偶爾會應客人要求開設手縫課，「真的只是做一個陪伴而已。手作是迷人的，做著做著心就靜下來了。」她知道一般人在家時不太可能會想要拿針線縫東西，當幾個人一起圍著桌子縫起來時，遊戲的趣味心情就會自然湧現。大書提供很多布、棉花、扣子、線，大多時候不給題目，就是很自由地畫草圖或直接剪裁形狀，觀察每個人的狀況後會適時教授技法完成想要的東西。

「即使只是完成一塊縫圖案的布都很好運用，可以遮蓋衣服破掉的地方、當過大領子的別針、帽子的裝飾……」大書說的是創意，核心是提醒大家「先不要丟掉舊的衣服、使用天然材質」。花時間與客人討論產生信任、花時間整理舊布料、花時間分享手縫的療癒能量，讓她感到自己的工作很美好，這就是大書式「不浪費的意義」。

離開台北時，以為不再喜歡服裝設計這一行，其實要改變的只是溫柔地把工作放進生活節奏中，按照自己的理念去實踐，「開工作室的這兩三年，沒有一天覺得我不想要上班，因為是自己喜歡的方式。」

職人條件

1. 人格特質

頭腦清楚：安排決定物件果斷、報價快速。

承擔力強：一人工作，自己承擔。

善於溝通：耐心傾聽消費者的需求幫忙分析。以客人需求為優先考慮，不過度製作。

2. 基本配備

裁縫技術：基本車縫及打版的技術。

選布能力：理解布品材質、洗滌後的狀況及定色問題。

大書 Studio

2014 年開業

電話：0928-754779

營業：預約制，請先以臉書私訊聯繫

臉書：大書 Studio

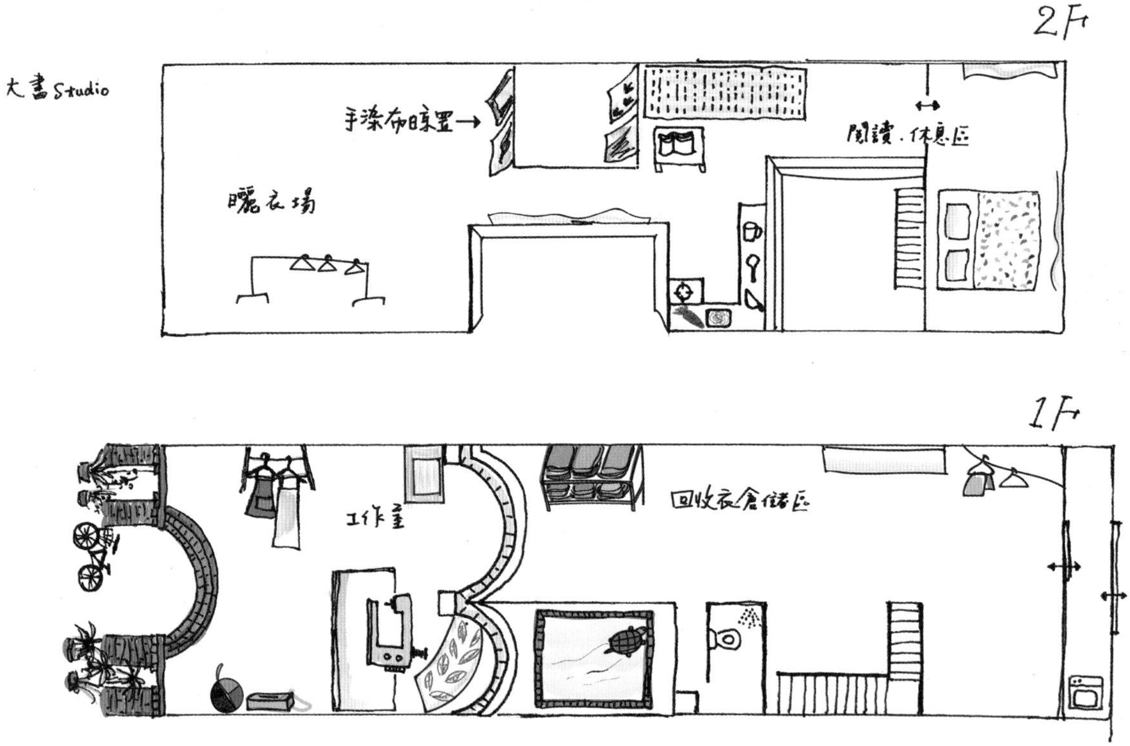

老闆的一天

07:30-08:00	起床、早餐
08:00-12:00	打掃、採買食材、看書
12:00-13:00	午餐
13:00-18:00	車縫工作、寄送貨物，與預約客人討論需求
18:00-19:00	晚餐（視工作量，評估晚餐後是否繼續）
22:00-23:00	盥洗，休息

經營支援系統

1. 人力：	老闆一人
2. 設備：	工業車縫紉機 __ 向友人購買二手品
	布料 __ 棉布、麻布、印花布（永樂市場）、有機棉布（和諧有機）、手染布（自己染）
	配件 __ 拉鏈、暗扣、織帶、金屬、皮革（台北後車站、舊衣服上面拆解下來）
3. 客源：	本地客約 50%、外地客約 50%（均以女性居多）

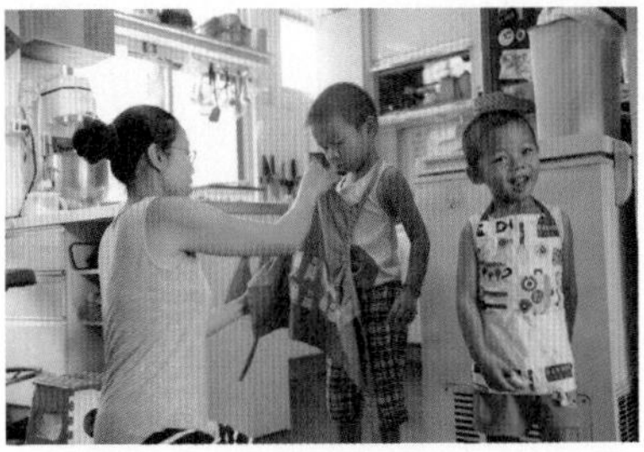

人生沒有停損點的真誠堅持

5+商行

文字——張美保、王玉萍

這都是做給家裡吃的料理，是我跟客人分享，
你們回家一定做得出來的。
不是高級餐廳的料理那麼難，但就是要很用心。
「很用心」這件事情，持續下去是不容易的。——Erica

05

花蓮市

左：Erica，右：吉兒

Erica說人生有兩個夢想，其一是開間背包客棧，在曾經營五年的「阿米鐵背包客棧」實踐了；另一個正在實踐中，是為了分享自己心中「做給家裡吃的料理」而開店。「5+商行」有運用在地當季食材製作的創意料理與戚風蛋糕，以及餐具日用小物選品。

把眼前的事拚命做到好

Erica高中大學時期是調酒國手，沒日夜地練習、比賽、得獎。其實被老師選中成為選手時，並沒什麼自信，知道自己的個性只是單純想把眼前的事拚命做到好。國手生涯結束後一般都是當老師，Erica覺得自己並不適合，於是進入與所學相關的飯店餐飲業，還是一路拚命地投入，當到主管的她不時想著，「人生是這樣了嗎？好像還可以做些什麼？」

「還可以做些什麼？」在大學時，Erica曾夢想經營

民宿和做吃食。一次來花蓮玩，覺得環境很適合生活、適合陪伴狗兒米奇和貓咪們，沒考慮太多就遞辭呈搬來花蓮尋找做背包客棧的房子。沒有收入的壓力下找了兩個月終於尋覓到，實現第一個夢想「阿米鐵背包客棧」。她知道夢想和生存是兩件事，為了不讓家人擔心，租下房子後一邊打工賺錢、一邊慢慢把阿米鐵經營起來。

吉兒大學唸應用外文，畢業後在外商公司工作一陣子就去澳洲打工旅遊一年多，返台後用在澳洲賺到的錢在台南經營背包客棧。認識志趣相投的Erica，吉兒來花蓮玩後也搬來花蓮，展開一起在阿米鐵的生活和工作。

不要輕易放棄

民宿營運順利，Erica開始尋找適合做餐飲的店面，她想要實現第二個夢想。沒有任何做餐飲經驗的她們積極找到老房子規劃起開店，Erica 原本很喜歡的

老窗，租下後發現居然都脆化了，於是請設計師朋友重新規劃進行大整修。

繼老窗脆化後又發現漏水，兩人在漏水的屋子裡拖地時，吉兒曾問 Erica，「難道沒有想過，就不要租了嗎？」Erica 一貫溫柔樂觀地笑著說：「我從來沒有想過第二個選項耶！要堅持下去呀！不要那麼容易就放棄。」

「她的人生沒有停損點這件事。」吉兒爽朗地笑著說，完全接受與支持 Erica 的決定。只是沒想到，裝修問題竟糾纏了超過兩年還沒辦法營業。拼了命的個性讓她們不惜去貸款也要整修到好，當時一邊處理屋況問題，一邊經營阿米鐵、在文創園區擺攤、打工，「生活忙碌到沒有太多心情，因為連睡覺都要沒有時間了。」Erica 說，那陣子讓身邊的朋友紛紛表示擔心，實在是過度忙碌消耗了。

終於「5+商行」營運，隨即面臨阿米鐵的五年租約要到期，Erica 很想兩邊兼顧，「但發現真的沒有辦法，不要為難自己，夢想達到過，就好。」於是將阿米鐵頂讓，兩人帶著毛小孩們搬到 5+ 商行現址樓上。一樓打掉老窗後設計成採光很好的弧形外牆，一進門先是日用小物選品區，入內空間是客人用餐區與開放式廚房各半，客人能看見料理過程，像在家一樣安心。二樓是住家，但家人待在二樓的時間很少，因為每日打烊後 Erica 繼續做蛋糕訂單，吉兒則花很多時間用心打掃，維持非常乾淨的空間品質。這麼長的工作時間，貓咪通常在二樓、狗兒在一樓陪伴。

做給家人吃的菜單

Erica 沒有餐飲經驗，做菜沒有框架，菜單設計的出發點是「為了家人做」。吉兒對食物的要求是「吃好的」，堅持尋找無農藥食材，並且在意食材運送碳排放問題，盡可能請在地農夫好友「禾亮家」種

種看。對食材講究熟悉的吉兒在送餐時，會親切專業地為客人詳細說菜，成為店裡特色之一。

經營民宿同時整修5+商行時，Erica也擺攤賣戚風蛋糕，「因為是用五百塊買別人本要丟掉的家用小烤箱，每次都烤到凌晨，沒睡幾個小時就要起來擺攤與打工，都趁顧攤時休息。」Erica回想那段辛苦時光，鍛鍊出她烤戚風蛋糕零失誤的技術。直到現在她仍持續進修料理課程，「我的心裡有很多的餐點想跟大家分享，所以一直做給吉兒試吃。」Erica說，在乎美食的吉兒總是可以坦率地給予很多意見、提醒，而且是最佳的外場與環境整理幫手。

客人是最好的口碑推薦者

經營的損益可以平衡，但是人力成本太高。她們每天七點就起來工作直到凌晨，若來不及早午餐，下午三點才吃第一餐，「因為我們不想草率解決

吃飯這件事，希望能好好的吃一餐飯。就像我們做料理給客人，它裡面有很多的用心，農夫種植、我們料理，甚至是盛器的選擇、餐點順序的設計，都花很多時間心力。我們希望自己也要好好的吃它。」

Erica說，5+的盛器使用鏡子和花磚的設計，是想表達一種同理心：鏡子讓食者看見自己、看見食材的倒映、看見農夫的辛苦，平坦的花磚則是希望料理在上面像畫作般美麗呈現。

這麼忙碌的工作生活，店休日也不是為了休息，而是持續探訪新食材、認識農夫們。認真用心都呈現在店的打理以及料理上，因此沒有宣傳默默開起店的她們，也默默擄獲了很多人心。來客很大比例是經由熟客推薦，如Erica想像的，與客人像家人一樣。「覺得很感謝的是，以前我們喜愛的花蓮店家老闆們會來5+，並且也會無私推薦客人們來，覺得花蓮真的很和諧。」

在有限的時間裡做到最好

Erica說自己的人生雖然遇到了很多問題，但上天真的都幫忙開扇窗，「不管任何事情好像都是，朋友會擔心我接下來怎麼辦？我也都說不知道，但好像每次就這樣過去了。」吉兒一直陪伴在旁邊，努力走過了一個又一個關卡，她很真誠地覺得，「Erica的個性可以這麼堅持這麼細膩，是因為她曾是國手，受過非常嚴密的訓練，自我要求非常高，這餐廳才有辦法是現在看到的樣子。她一直進步，然後我也是被她逼著一直進步。」

曾有熟客忍不住與他們說：「餐廳先這樣就很好，不需要一直改進。」5+商行客人的回饋讓Erica和吉兒很滿足，不論是稱讚或希望改進的意見，都是充滿正能量的。Erica說：「雖然也會跟自己說，好啦！放過自己，先這樣就好。但當覺得有想改變的時候，還是會努力地把它做到好。」

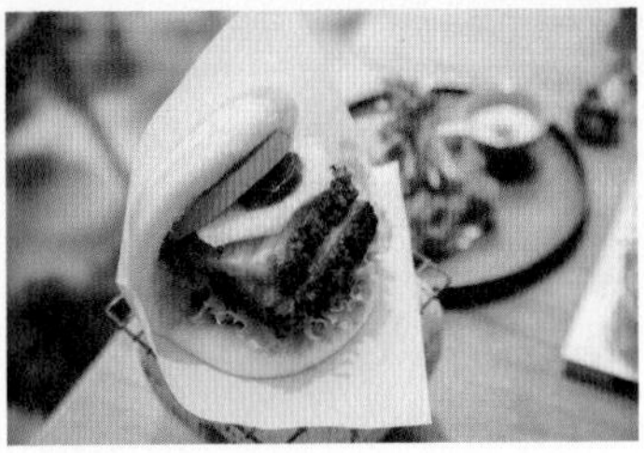

如果有人也懷抱著開店的夢想，Erica會告訴他：「開店很棒！希望你堅持下去。堅持去做這件事情，至少要把它做完，不要做一半就放棄。雖然很辛苦，但人生會有很美好的回憶。」

5+，有愛的家

Erica曾經為了想要給客人吃到新菜單籌備半年，也曾為了陪伴最愛的毛小孩米奇走過最後一段安寧時光店休數月。吉兒在回台北開刀休養前，都盡力留在花蓮的5+，陪伴著Erica、毛小孩們與這間店，「因為覺得陪伴，是最重要的。」她們不約而同這樣說著。她們說到店休陪伴狗兒米奇最後那段日子，忍不住要互開對方玩笑說要克制眼淚，Erica說：「其實都是牠們在陪我，我們一直在忙自己的事，工作和生活上還在找一個平衡點。」

對了！為什麼叫「5+」？因為有一隻貓叫刺五加，也是台語「有吃的」。這裡不只有好吃的，這裡還是有毛小孩們一起生活、充滿愛的家。

職人條件

1. 人格特質

學習的熱情：想要學新的東西，這樣會有很多想法，會很有動力一直做下去。

堅持與用心：堅持初衷並持續，自我要求高希望不斷進步。

2. 基本配備

烘焙、料理等相關專業進修。

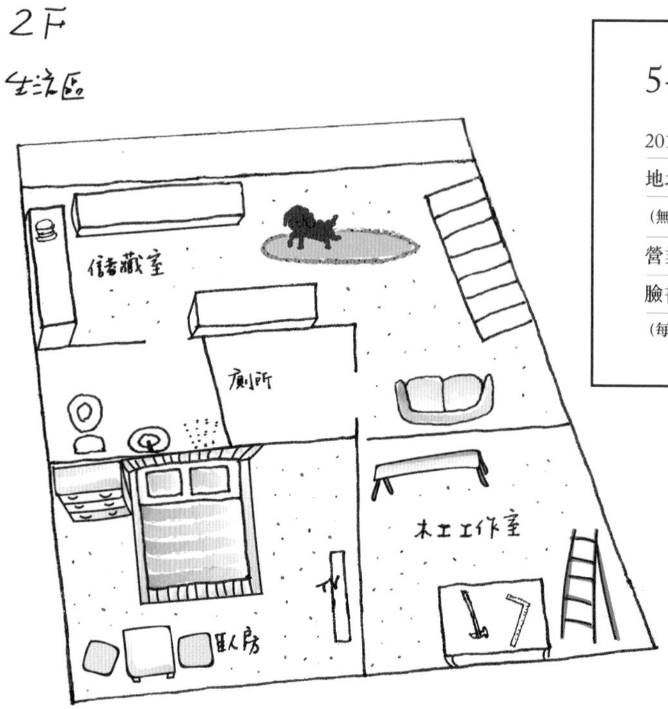

5+ 商行

2016 年開業

地址：花蓮市建國路 75 巷 16 弄 6 號

（無電話服務）

營業：11:40-17:30

臉書：5+ 商行

（每月公休日會公布在臉書粉絲專頁）

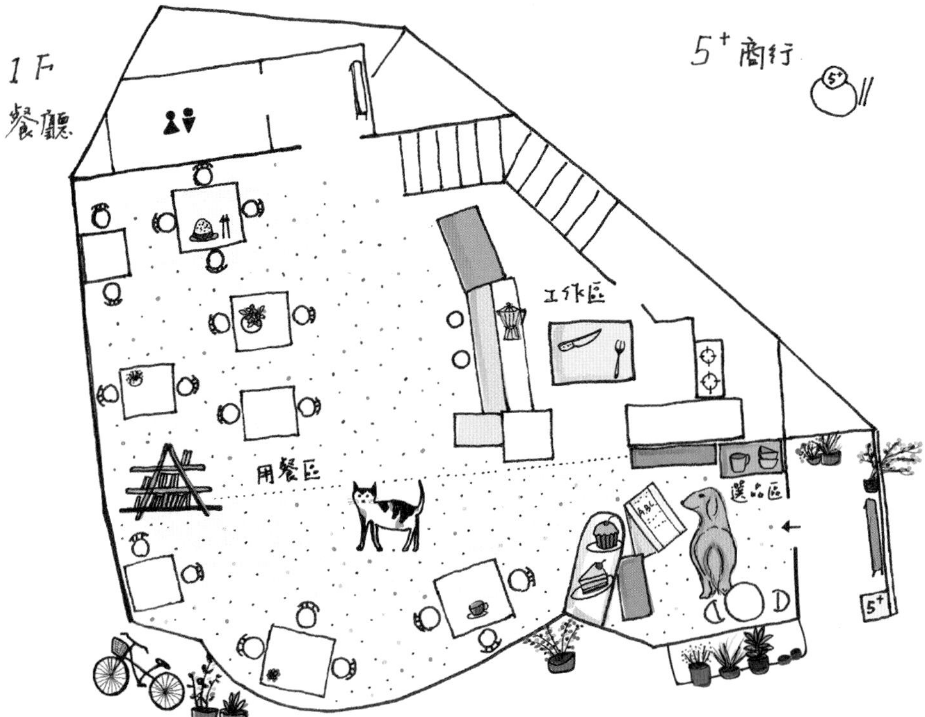

老闆的一天

07:00-09:00	起床，菜市場採買
09:00-11:40	Erica 備料、吉兒清潔打掃準備飲料，早午餐，帶狗散步上廁所
11:40-17:30	營業時間，有空檔就坐下來吃飯，帶狗散步上廁所
17:30-19:30	休息（如有客人預約取蛋糕延至 18:30 休息），帶狗散步上廁所
19:30-01:00	吉兒負責店清潔、Erica 備料，帶狗散步上廁所
01:00-02:00	盥洗，休息（如有蛋糕訂單會延後到三四點休息）

經營支援系統

1. 人力：老闆二人，僱一人
2. 裝潢：設計師友人、在地抓漏師傅、在地水電師傅
3. 設備：電器 __ 花蓮在地店家（冰箱、冷凍庫、烤箱、吧台、工作台、洗碗機）
   餐具 __ 日本帶回
   鏡子 __ 老闆到材料店購買剪裁
4. 原料：蔬菜 __ 禾亮家（無花果、草莓）、美好花生
   肉品 __ 洄瀾豬、在地肉農
   鮮奶 __ 四方鮮乳
   各式食材 __ 重慶市場、中央市場、中華市場、農會超市、有機店、黃昏市場
5. 客源：本地客約 80%，外地客約 20%

簡單慢板的再進化

手井

文字——梁皓怡

我其實是搬到這裡（手井2.0）才覺得，可以在花蓮留下來了……
窗外就是美崙溪有南法風景的感覺，時刻聽得見鳥唱歌，
室內空間很像香港六七十年代優質住家的格局，簡單空曠沒有誇耀的裝飾，
非常明亮通風還有木頭地板，第一眼就喜歡。——Conney

06

花蓮市

Conney 是香港人，曾在雜誌社擔任旅遊編輯近十年，心裡逐漸迸出「生活就是這樣子了嗎？」的念頭，於是她開始做一些從未試過的事情，例如進入催眠治療師的領域、修讀企業環境管理碩士、停薪留職到西班牙上短期藝術課、回港後接觸樸門（Permaculture）學習種田。這些經歷讓她一直回頭審視內在，探究自我的真實需求，最後辭掉了工作，去探索各種生活提案的可能性。

直接跳進同溫層

「來花蓮旅行時，沿途認識許多『同溫層』的人們，對生活的看法有著一致的信念。」不少香港人與 Conney 一樣，嚮往花蓮看似悠閒友善環境的生活圈，但她是真的行動了。二〇一四年香港發生「雨傘運動」，就是那份港人集體自發的勇氣讓她終於踏出離家的一步，來到花蓮實踐自主生活。「那時真的是全部都切斷的感覺，要離開住很多年的房子、處理各種繁雜手續、所有家當都打包到台

灣。」Conney 說。

Conney 與幾位好友合資，以她為代表在花蓮市邊陲租下第一代的手井，拿了開店牌照，把一樓規劃為手創商品、二樓是藝廊空間，作為香港手作人和藝術家的一扇窗，三、四樓是自己的臥房及旅宿的客房，希望透過這幾個面向去建立一個港台兩地交流的平台。

文化差異大考驗

第一代手井維持近兩年，Conney 打理所有事務不以為苦，但房屋的管線設計問題出現經常性的淹水，嚴重時甚至要整夜不眠來回舀水。協商修繕事宜時卻面對管理公司的推三阻四，以及房東的愛莫能助，香港與台灣的文化差異就此浮現。

「房東一直對我也挺照顧，而我對房子也很好，但當有大問題要去解決時，便發現原來好好討論處理

方案，按部就班去實行，對台灣人可能是過分的要求，不能以該有的權利據理力爭，否則便是咄咄逼人。」長時間應對的無力與疲累，叫她再不捨也必須搬離第一代手井。

如同當年從香港離開，很多物件都得決定去留，每一件都有她與夥伴的創業精神，充滿太多回憶與感情。忍不住也考慮，是否就此返回香港？但她了解此刻最需要的，就只是一處讓身心暫時安頓的庇護而已，於是在租屋網站發現這裡，「一個什麼都沒有、簡單沒有贅物的空間。」最後，她把所有的東西都一起帶來了。

問題帶來答案

Conney 在第一代手井時期，腦袋時常浮現，「為什麼我會在這裡？」

終日一連串的待辦清單，開店、進貨、辦展、打

掃房務。前往異地實踐理想生活的勇敢，當工作疲累時，更能感受文化差異的孤立，時常被自我懷疑無聲息地偷襲著。

「但是來到這裡之後，『為什麼我會在這裡？』的聲音，跳出來的頻率就變很少了。」手井在二〇一六年底搬遷到一座公寓大樓內，從四層樓的複合經營轉變成窩居的小住所。Conney 說，香港人習慣把冷氣開很強，認為一定要「涼透」才行，但這裡臨著溪畔，很通風也不顯潮濕，吞一杯涼水即使不開任何空調也舒適自在。

香港味與花蓮步調

接到有人要來住宿的訊息，可以的話，她會提前兩天把全屋徹底打掃，等到入住的那天，桌面定必擺上一大束清新的鮮花，「因為開門就有植物迎接你的感覺，真的很好。」一旁的書架與矮桌，放置著土地飲食與餐桌的相關書籍。

房子的中心是廚房，這裡充滿香港味。若待兩日或以上的朋友，Conney會為他們下一碗香港茶餐廳必備的平民美味「餐蛋丁」麵，體驗香港文化與味道。朋友聚餐時，她在這裡慢火熬製一鍋香港家庭的日常桌上湯品「老火湯」，為好友滋補身體。「這要慢火熬煮近兩小時，什麼材料都可能用到，果皮、南北杏、瓜果、瘦肉、蓮子、桂圓……，總的是依照季節天候與身體狀態來調配湯底。」

還有一直很苦惱台灣沒有的香港鹹蛋，現在有時間動手做了！「台灣鹹蛋內部是熟的，香港鹹蛋是生的，用來煮湯入菜、炒黃金蝦或蒸肉餅、水蛋，也可以煮熟後單配飯吃。」Conney說，搬來這裡之後也開始跟花蓮人一樣，會在青梅盛產時期釀梅酒。

打破同溫層的客人

旅宿手井的朋友一直以台灣和中國來的年輕人為

主，談話間讓 Conney 對中國的刻板印象逐漸有所改觀。他們各自窩在遠離彼此家鄉的手井軟軟沙發椅上，像是一座理解彼此的橋樑，暫時修補了中港的政治和文化鴻溝。

若當天沒有人來訪，Conney 會睡到自然醒，接著吃一頓很慢的早餐，伴著書和音樂，望著窗外高聳入天的南洋杉，什麼也不想，之後到陽台澆花，幾乎所有植物都是從第一代手井帶過來的，是 Conney 的親密戰友，包括最近結果纍纍的百香果樹。

清掃房間之後，直接將床罩被單揹在身上，就這樣浩浩蕩蕩走至市區乾洗店。Conney 曾經在銀行前遇到行動不便的老人，直接拿金融卡請她代為在提款機領錢。「再度發現生活周邊仍有很多簡單的人與事情存在，仍覺得很驚喜……現在時間沒有比較多，還是忙碌啊！但能依自己的心安排順序，重拾空間去過生活。」

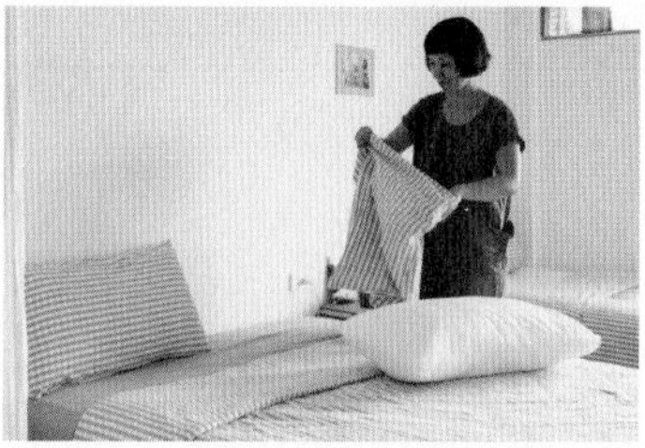

更少可以更好

Conney平日還會兼做翻譯，為香港的雜誌、網站寫稿。「原以為在第一代手井的情緒已當下處理掉，搬來這裡才知道只是被掩蓋起來而已，到這裡才知道從前的經歷，是超過我可以長期承擔的。」第一次追尋，必須離開香港才能實踐，第二次的追尋，卻發現一個剛好的空間，不需再透支自己，讓心靈慢慢暖機啟動。「Less is more，更少可以更好。」未來若有別的機緣，即使地點不在香港或台灣，她也願意奮力去嘗試，只要方向是一樣的：追尋生活自主與心靈安穩的平衡點。

● 職人條件

1. 人格特質

審美能力：對空間規劃與配件挑選要具備敏銳度，能將物件迅速到位，佈置出接待各地友人都適宜的空間。

樂於分享：例如喜歡研究食材、下廚煲湯，便主動設計餐點成為可與人分享的特色。

2. 基本配備

語言能力：英文及其他國語言，可以接待不同國籍人士。

其他專業：例如撰稿、編輯能力，居住在台灣仍能接到香港案子，以相對高薪換取花蓮相對悠閒的生活。

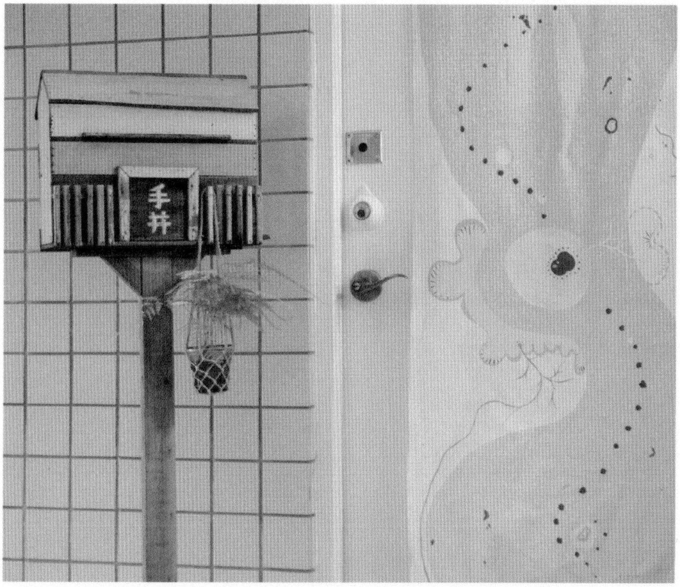

手井

2015 年開業

地址：花蓮市菁華街（美崙溪畔）

電話：0965-414701

臉書：手井

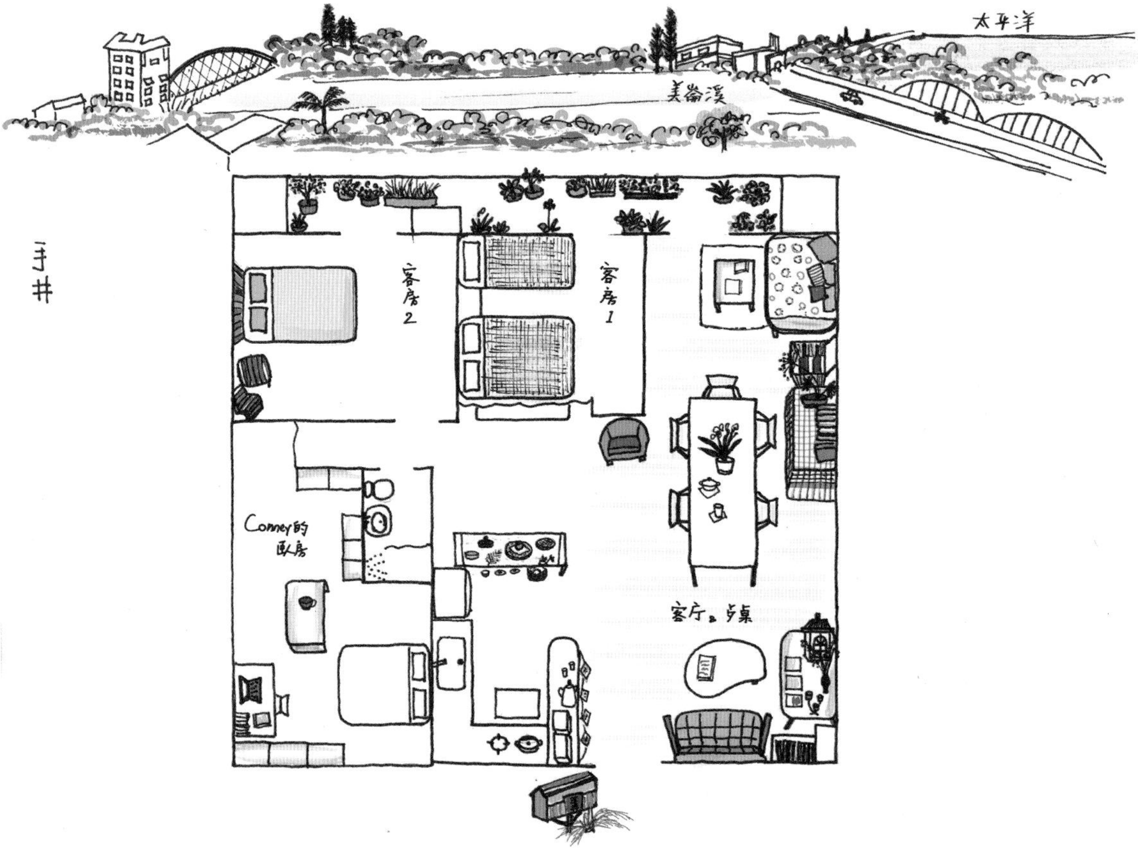

經營支援系統

1. 人力：	老闆一人
2. 裝潢：	老屋修繕 __Conney & Winston、勤義企業社
	裝飾品 __ 香港藝術家 Winston 畫作、Conney 家當及出國旅行時帶回來小物、香港及宜蘭手作市集、香港老物店、花蓮路邊攤、Art Deco
	布藝品 __ 香港手作人嫲嫲婆婆、日本 Mina perhonen、法國普羅旺斯
3. 設備：	燈具 __ 香港紅 A、長尾工作室、台北街坊電器店、花蓮路邊攤、立貴燈飾
	冷氣 __ 新菱（冷氣師傅代購）
	家電 __ 愛買、通用、Hola
	廚房用品 __Conney 香港廚具及餐具
	桌椅 __Conney 香港傢俱、懷舊生活、Winston 手作木工、Art Deco、無印良品、Hola、歐德
	書櫃 / 架 __Winston 手作木工
	窗簾 __ 布料 / 香港深水埗、嫲嫲婆婆、IKEA，掛杆鋼絲 / IKEA，車縫 / 弘宇
	寢具床組 __ 無印良品為主，生活工場、大春棉被、IKEA
	烘備乾洗 __ 附近自助洗衣店
4. 客源：	外地客 100%（中國約 48%、台灣約 48%、香港約 3%、歐美約 1%）

老闆的一天

（以有客人為例）

08:00-08:30	為客人預備早餐
08:30-10:30	邊服務客人吃早餐邊與他們分享生活經歷
10:30-11:00	退房
11:00-15:00	清潔整理，預備接待客人
15:00-19:00	邊等待邊做其他的工作，下午茶或做喜歡的事放鬆
19:00-21:30	邊聽香港的電台邊煮晚餐、吃晚餐，與客人聊天
21:30-00:00	與朋友網上聊天、看書、沉澱、計畫，或趕未完成的文字工作
00:00-01:00	盥洗，休息

07

花蓮市

Made in Hualien以家為起點的夢想

魂生製器

文字——王玉萍、連竟堯

我想就是離不開花蓮了。我們在過著屬於自己的生活，隨時陪伴在孩子身邊，又能做自己充滿熱情的工作。我們的目標是，讓國際知道有一個生活器皿品牌，不只是Made in Taiwan，而是Made in Hualien。——端木愸如、張靚妤

左：張靚妤，右：端木愻如

買一個杯子不只是買一個杯子，理想的設計會讓消費者產生美感經驗、使用順手無負擔。珍惜的話能相伴好幾年，杯子將承載許多回憶。若不小心損壞，會想要「再買一個擁有它」。你我可能都擁有這樣的杯子，你的是 Made in Japan 或 Made in England？花蓮有一個品牌「魂生製器」，努力要做到讓消費者期待擁有 Made in Hualien。

品牌在地、視野國際

與台灣眾多年輕設計品牌一樣，魂生製器面對的是傳統工藝紛紛式微、銷售管道不完善的現況，創業三年多卯足力研發設計、積極參加國際展、建立品牌形象與通路。「品牌在地、視野國際」不是選擇一條捷徑，而是讓品牌好好活下來必須開拓的路，理想才得以實現。

「如果再讓我回頭走一次？我會猶豫，不想要重來。」端木愻如說，曾經有位企業前輩問他如果

可以選擇，還會想創業嗎？前輩聽完他的答案後回贈一句，「如果創業有『不想要重來』這種感受，路就對了。」原來，不論在哪個時代創業，要有所成績，壓力辛苦根本是避不掉的。只是端木與太太張靚妤（亮亮）想要用這樣的心態創業，「不再為工作犧牲生活。」

好好生活工作的新定義

「覺得生活不應該只有如此。」曾在中國擔任品牌總監的亮亮與也是公司主管的端木，用一句話簡單說明，為什麼離開眾人稱羨的外派工作。「回到我的家鄉花蓮生活，那麼接著就要想，可以做什麼呢？」亮亮說，兩人很喜歡生活器皿，在中國工作期間接觸了世界最頂尖品牌，發現有些品牌台灣並未進口。他們想以此創業，代理國際品牌生活器皿。於是在自家一樓開設實體店面，擅長電子商務與市場分析行銷的亮亮，與端木合作開發網路市場。

亮亮運用過去擔任品牌總監建立的人脈，拜訪各國當代頂尖陶藝工藝師與品牌，親身領受一流職人的風範，對釐清創業核心很有幫助。「與土地有關」是最重要的，他們決定開發「加入花蓮元素」的自有品牌。沒有拜師傳承但很多設計想法的亮亮，開始動手做陶。傳統釉藥是陶藝老師傳的獨家配方，於是自行研發釉藥這工作，就交給有理工背景的端木負責了。

抱持「不再為工作犧牲生活」而回家生活創業，但求好的心態改變代理路線，要建立自有品牌。就像期待孩子健康長大一樣漫長艱辛，如何尋求平衡，成為創業前三年最大的修煉。

盡力而為就會充滿期待

他們的女兒瓜瓜，幾乎是跟自有品牌同時誕生的。由於亮亮體質的關係，懷孕期間深受宮縮不規則之苦，平均三天就要進醫院安胎，直到撐過了

Up Great Life
y soulmate

Soul Made

二十四週、直到安胎劑量已不能再高，在醫師建議下，不得不做出讓瓜瓜提早出生的決定。看著全身插滿管子的小寶貝，他們當然不會放棄，卻也將每一次的見面，當作是最後一次。在夫妻倆每天都向小寶貝說話、門諾醫護同仁齊心治療照顧下，四個月後瓜瓜健康出院返家。

兩人確認分工原則：一樓展間的工作不繁忙時就輪流上二樓處理家務，平日與爸媽輪流陪伴孩子，每週一天兩人專心陪伴。「一開始，常會面臨誰的工作比較忙、誰要多陪，但是不管多忙都不會打破原則。」

創業也遇到難關，亮亮設計的商品找中國景德鎮師傅合作量產，在網路上吸引很多中國買家，但沒有多久就出現廉價仿冒品。「仿冒對品牌的傷害很大，只剩下價格價值時，就不是好商品了。我們更確定，花蓮製造這件事要落實去做，而且要好到別人想抄襲都沒辦法。」亮亮說到做到。

像是遊戲打怪一樣，他們技術快速精良，連配合打樣的師傅都說難度太高，「於是，我們在三樓弄了個電窯，自己手作打樣給師傅們參考。」接著是，師傅做不到要求的質與量，「所以現在，從調釉、配土、打樣到製作，我們全都自己來了。」熟識的朋友也不免驚訝，他們是有多愛挑戰難關呢？

端木一年調配出一萬片釉藥，亮亮只選用五十片。對良品要求高，從最初只有50%過關，約一年半後可達85%，但隨即又有新設計品出爐，舊的品項可能就不再做了，「因為目前只有請一位工作夥伴，三個人產量有限，求精不求多。成立魂生製器後，永遠不去看做這件事賺不賺得到錢，而是看有沒有價值。」端木篤定，金錢是隨著價值自然而來。

就算十八般武藝在身，隨著國際市場逐漸打開，需要更專心投入做陶，於是將文案、拍照、文宣設計等委由專業者分工。家庭時間沒變多，但品質變好了，「以前陪瓜瓜的那一天，兩個人還要

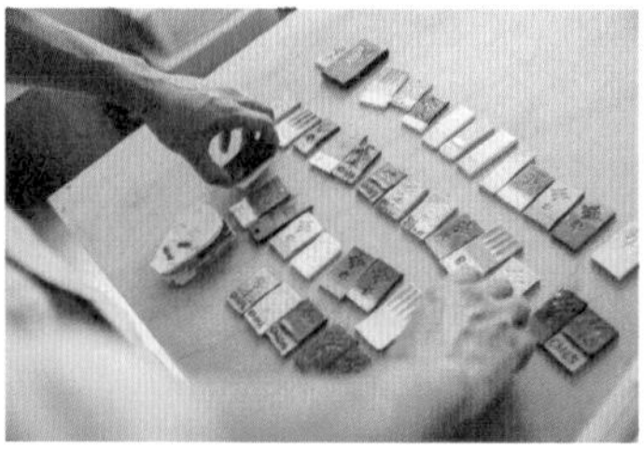

輪流抽身去忙工作，現在三人可以整天在一起。」

與土地有關的設計核心

系列商品均依循「與土地有關」的核心理念，各具巧思細節。例如「手感系列」運用在地動植物的意象，如喜鵲尾巴、鳳凰木、蕨類。「星空系列」無論在釉藥設計各方面都是技術最高的系列，深藍、白、黑、一抹金，是東部海岸太陽即將出來時海天顏色，由於器型顏色很穩重，為了產生反差效果，將圈足改為有懸浮感的弧面，胚體拉到極薄超輕，讓人拿取會發出「哇！」的驚喜感。

「野花系列」是台灣野地常見的蒲公英圖案，設計呈現 Art Deco 的矩陣、重複、連續、簡約。「原本是為台灣小家庭設計的，有淺藍、乳白、粉紅三色，和家裡 IKEA、無印良品的器皿一起用，也不會感到突兀，我們都可以跟別人很合。」端木像介紹女兒一樣，對於自家商品很滿意。

自己試過，一切都值得

端木鑽研釉藥之外還研發陶土，運用花蓮石材廢腳料，試過一萬多片成功的「石材再生環保土」已在申請專利。「在二〇一八年台灣文博會上，它製成的器皿很吸引買家興趣，杜拜、英國、法國、美國、加拿大、新加坡……」端木還沒數完，

聯想到更令人興奮的事情，同年二月參加美國紐約展覽，受到百年公司 ABC Carpet & Home 青睞，開啟歐美市場。邀請參展的策展顧問公司說，魂生製器是他們執行輔導十三年來第二間，在第一次參展就被 ABC Carpet & Home 選中的品牌。「他們看上的是『星空系列』其中一個杯型，我們送打樣時也把新款『野花系列』做介紹，結果他們很喜歡，整組都要。」

文博會現場，曾有四位日本人表達代理興趣，但均建議降低價錢。台灣工藝中心顧問分析說：「那四個代理商後面的客群，不是你的客群。請繼續等待，之後會有另外四個日本人出現，會知道怎麼賣你的東西。」所以魂生製器決定要出發去日本參展，「他們講的不一樣，我們要自己去試試，自己判斷。」

若是有人再問「會不會想再創業？」他們的答案還是不想。但值不值得？「值得。」這就是魂生製器。

職人條件

1. 人格特質

轉化美感的能力：對生活與美感有獨特見解，並能轉化為創作能量。

有突破的創意：傳承傳統手工技藝，能從中創造出創意器皿。

善於策略統籌：從實際和心理層面，量化品牌與商品價值，調整營運策略提升團隊能力，精準運用時間。

強壯的心臟與身體：工作極耗費體力，成功失敗須待最後出窯才見真章。

腰桿夠硬：不為五斗米折腰的決心，堅持 Made in Hualien 到最後。

2. 基本配備

製陶技術：拉坯、泥板、手捏、裝飾技術。

配釉知識：原物料特性、釉藥調配測試。

開發能力：新品開發、打樣、細節調整。

活動策劃：策展、佈展、提案、整合。

魂生製器

2014 年公司成立，2015 年設實體店

地址：花蓮縣吉安鄉建昌路 88 號

電話：0908-180-882

營業：11:00-21:00（採預約制，週一二休）

網站：www.hunshen.tw

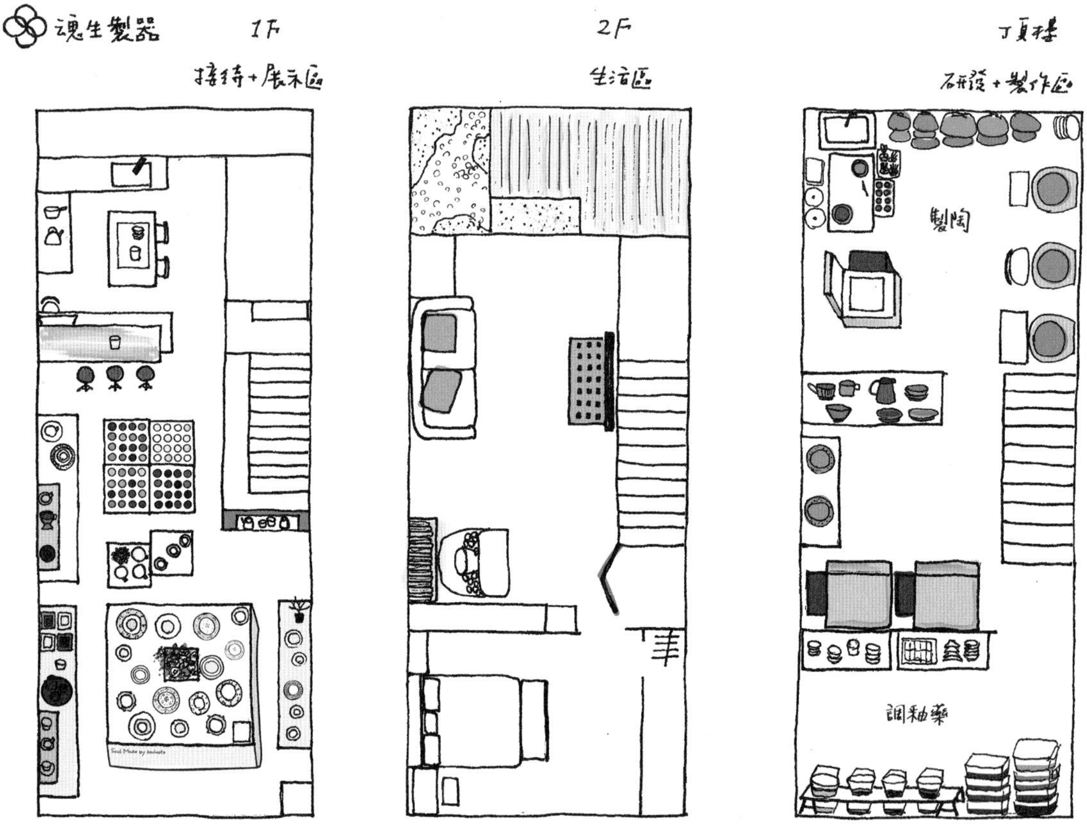

老闆的一天

07:00-09:00	起床，吃早餐
09:00-12:30	製陶、配釉、燒窯
12:30-13:30	吃中餐
13:30-14:00	整理網路訂單、各項資訊管理與更新工作
14:00-20:30	開會、設計新品，初次預約一樓展間的訪客，均由端木做詳細介紹，與亮亮輪流上二樓照顧孩子、整理家務
20:30-22:00	幫孩子洗澡哄睡覺
22:00-01:00	製陶、配釉、燒窯
01:00-02:00	盥洗，休息

經營支援系統

1. 人力：老闆二人、僱一人
2. 設備：中型電氣瓦斯兩用窯＿鴻勝爐業
   拉坯機（三台）＿鴻勝爐業
   電子商務網路平台＿自己架設官網 & 日本 Creema 設計師平台
   進口黏土（26 號日本瓷、日本目節土、一般陶土等）＿太麟化工
   台灣黏土＿品牌已開發出花蓮特有環保回收土，並申請專利及 MIT 標章
3. 客源：在地客約 50%、外地客約 50%（外地客以網路銷售為主）

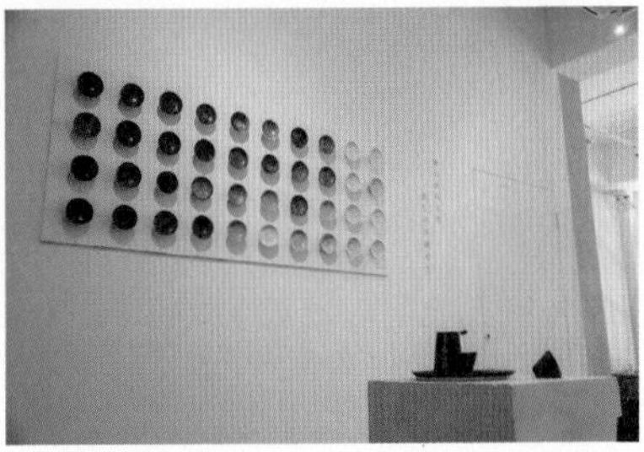

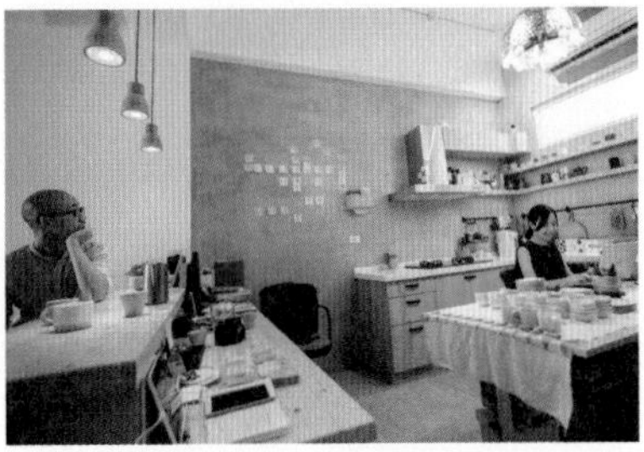

08

花蓮市

在花蓮人的生活裡，投入音樂元素

聲子藝棧

文字——梁皓怡

經營聲子藝棧沒有考慮太多獲利，就是決定要扎根，蠻重要的原因，是考量這個地方缺乏藝術資源、缺老師。希望讓人們知道，花蓮人的生活裡，也包含音樂元素。——林希哲

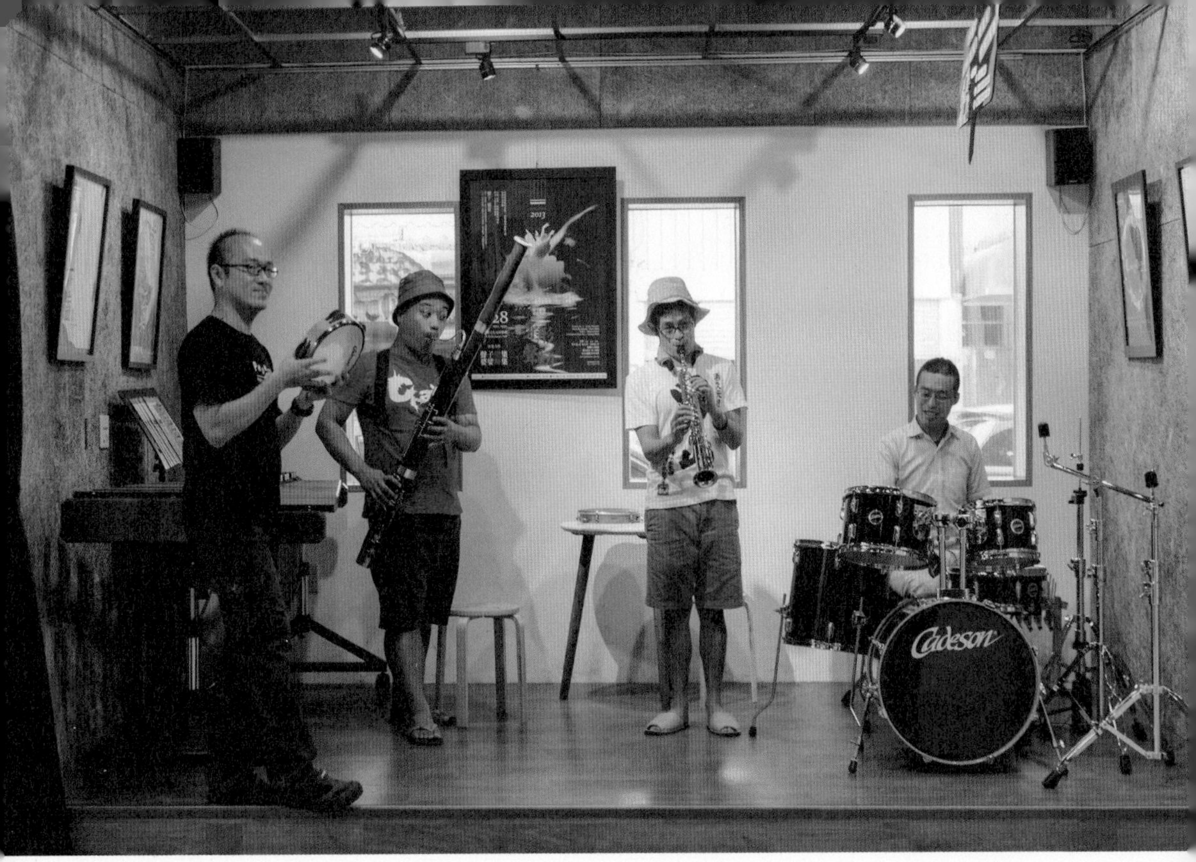

希哲喜歡煮咖啡，如同演奏般專注、架勢十足。照顧「聲子藝棧」工作夥伴是他放鬆的方式，「看大家吃就很開心，正籌畫把一樓空間打造成沙龍音樂會，能舒服地談論音樂喝咖啡。」

煮咖啡的小廚房，是希哲的爸爸過去經營婦產科時，護士為嬰兒洗澡的所在，他的辦公室就在隔壁，當時是新生兒育嬰室。台灣出生率最高的七、八〇年代，這棟五層樓含地下室的獨棟大樓，是希哲的家、也是花蓮頗具聲望的診所，接生率曾佔全花蓮60%，備有員工宿舍、電梯，已接近地區醫院規格。

希哲在二〇〇八年成立「聲子藝棧」，目前已有系列樂團包括：聲子樂擊打擊樂團與管樂團，團員總數約六十人。希哲的爸爸從醫生退休後曾與太太相伴到海外傳教，那時希哲在外地求學，家人偶爾回來的日子僅會待在住家那層樓，其他樓層租給別的婦產科醫生，對花蓮人與希哲來說，這裡仍是不變的婦產科診所。

直到二〇〇二年，希哲的母校花蓮中學成立音樂資優班，為了班上一位主修打擊的學生，邀請希哲每週回來授課，隔年又將學校管樂團交給他帶領。音樂班的學生畢業時對希哲說：「老師，我們不想就這樣結束。」希哲想，不如運用診所未使用的五樓作排練吧！

當診所與音樂相遇

後來婦產科租約到期搬離，空下這麼多層樓，可以做些什麼呢？以前診所規劃的專用空間，有病房、手術房、診間、候診室，希哲朝著音樂空間來思考進行大改造，讓婦產科搖身一變成為音樂人的文化據點。

罕見的五公尺寬騎樓，向內推的門廊設計是為了方便停放救護車，現正提供大型的樂器車上下貨；地下室是診所的防空避難室，廣闊無壓迫感的空間，放置大型樂器並舉辦音樂營隊活動都顯得綽綽有餘；可容納九十人以上的五樓演奏廳，診所時期是

護理人員的聯誼廳，也是希哲爸爸的幼教衛生講堂；將二三樓的護理人員房間、病房整理乾淨成為休憩室或招待所，接待寒暑期集訓的音樂營、聲子會員、外地的演奏家及朋友。

改造工程持續好幾年，逐漸穩定存了點錢，便開始汰換護理床、更新寢具讓住處更舒服，也開放接待背包客旅人們。再存了點錢，就用來改善排練場的吸音隔音牆工程。越來越多人知道花蓮市中心有這麼一個地方，可以安心練習演奏，沉浸在只有自己與音樂的世界裡而不擔心擾鄰。聲子的排練場對有音樂班的學校來說，更是最佳後盾，學生們可在大賽前夕來此團練，等到真正比賽時，還能提供木琴這類的大型專業樂器出借。

音樂教育平台

希哲身兼演奏家、樂團負責人兩種角色，時常趁著飛往外地演出的空檔，思考如何營運穩定發展，

持續十年需要強大的動機支撐，「我希望不是只有自己鶴立雞群，而是市場可以被做大，期待整個藝文環境得到平均提升。當有越多學音樂的學生畢業，我們有責任把市場打造起來，讓教育環境更友善，資源更平均，就能容納更多就業機會。」

要怎麼著手呢？希哲舉例說，剛回花蓮帶團任教時，學校樂團沒有「分部教學」，多半仰賴樂團學長、或單靠一個指揮帶起整個樂團。「我也不會豎笛或小號，如何給學生有效的幫助？」為了解決困境，他引介專業人才進入校園，其他學校發現後也前來尋找專業教師資源，聲子成了花蓮藝術教育資源的匯集地。

偏鄉推廣向下扎根

二〇一五年「聲子樂擊室內樂團」成立十周年，他決心做不一樣的事情，先把擊樂團的演出和發展規劃交給由巴黎回國的擊樂首席張方鴻老師，自己專

心做管樂團的指揮帶團、並將音樂資源拓展到郊區學校。

他說，這就好像先投資，將樂團資源帶進去這些學校，幾年後他們會被看見被重視，也許就會有企業願意支持。「台灣人習慣看見成果才給資源，但若沒有前面的投入就很難發展。」近兩年更開始帶著自己的樂團，到花蓮南區的中小學巡迴演奏。希哲對未來有想像，「幾年後音樂地圖更廣泛，能回饋到音樂就業市場，也就等於回饋到聲子。」

這一番另類的投資報酬思維，裡頭包含著一份溫暖的希望。花蓮郊區學校的單親家庭與隔代教養比例偏高，熱情的學校老師在寒暑期也持續排練，就是因為若沒有趁樂團練習把學生留住，可能假期結束他們也中輟、或被幫派吸收……。希哲說：「從音樂裡會發現有另一個東西，幫他們找到生命的著力點，找到以後能走的路。聲子對偏鄉教育的社會責任就在這裡。」

能量大爆發

從菁英教育逐步轉向偏鄉教育的行動，需要仰賴大量的師資與器材設備，「這份『甜蜜的負荷』其實是負營收。」希哲坦言。另一個「甜蜜負荷」是支持內部的樂團展演。樂團展演的製作愈發專業，補助之餘的自籌款也比以往多。目前規模有兩位全職行政、三位師資，人事成本只靠空間營運還無法cover。

「要把一件事情做好，相對需要更多經費投入，人事成本不能精省，台上的人要做好演出，需要有人宣傳和後端行政，若要演奏家兼著做，無法呈現好的演出。」希哲說。

若將聲子的住房、排練場琴房、樂器銷售劃分成三大區塊，創立前幾年住房是主要營收，現在空間租借及樂器銷售顯著成長，表示教育市場的帶動與連結。幸運的是，近兩年聲子像是能量大爆發，營業額每年有15～20%的成長。希哲把近十年打基礎的種種辛苦視為必要的累積，接下來他試圖讓這些夢想包容更多的可能，讓專業空間更友善，並規劃定期的音樂會與視覺藝術展覽。他樂觀相信長期之後可以達成收支平衡、更穩定。「我們必須撐著它。『聲子』現在變成一個不完全是

我個人夢想的地方。」

音樂融在生活裡

診所放置病歷藥物的掛號桌子，現在是票券與樂器的販售櫃台，活動DM架的後方，希哲仍保留了一扇領取藥物的小窗。老一輩的花蓮人都知道這裡曾是婦產科診所，今年「聲子藝棧」音樂空間滿十歲，希哲籌畫多項音樂體驗活動，邀請大家走近探索這棟陪伴花蓮人的建築，參與藝棧空間的成長轉變，以及細節處的巧妙融合。

地下室其中一間琴房，擺放一架鋼琴供人練琴，溫潤木質觸感可察覺年代的氣味，原來這是希哲媽媽的嫁妝，外婆存錢買的日本原裝鋼琴，距今已快五十年，在當時的價格可買一棟房了，希哲最初接觸的樂器就是這架鋼琴，現在也最喜歡在平常時日裡彈奏它。

沒有工作的日子，希哲會在家裡與家人享用早餐。上午隨手翻找樂譜練琴，或窩在一處安靜角落思考的演出曲目與程序。午後也許下樓到進入琴房與團員排演、或到學校教學。在曾經是爸爸的婦產科診所，他透過熱愛的音樂與人相遇，專注工作時也隨著音符搖擺，聽見了，日子正緩緩地寫下篇章。

● 職人條件

1. 人格特質

身心狀態佳：耳朵要好、體力要好、專注力要高、記憶力要好。

大膽與包容：專業能力要夠，也要敢用能力比自己強的人，樂團素質才能往上提升。

樂於分享：提供自己生活的場所給他人排練。

2. 基本條件

專業演奏背景：擔起樂團的訓練與呈現品質的把關者。

聲學背景（空間音響學）：排練場、琴房的設計改造。

深諳樂器與琴房：了解上百種樂器的特性與琴房屬性，若學生想來練習，可以即刻量身配置。

聲子藝棧

2005 年開始使用，2008 年開業

地址：花蓮縣花蓮市博愛街 199 號

電話：03-8324517

營業：15:00-21:00 （週四休）

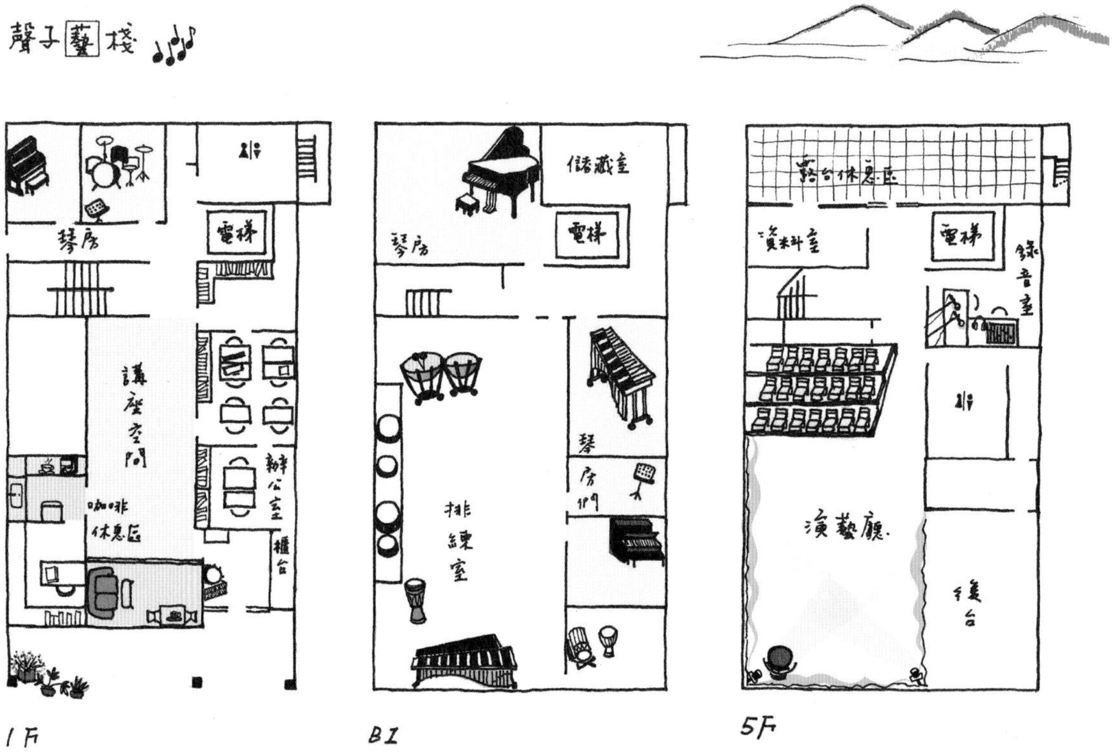

老闆的一天

08:00-10:00	起床、與家人早餐
10:00-12:00	動腦思考時間（樂團展演計畫、中長期規劃、行政配合項目等），或讀譜、關琴房練習
12:00-13:00	午餐
13:00-17:30	動腦思考時間，或讀譜、關琴房練習
17:30-18:30	晚餐
18:30-21:30	無演出時運動散步游泳、讀譜，演出前樂團排練或自己關琴房練習
21:30-22:00	盥洗，休息

· 演出日的行程，從早餐完就跟著行政準備，下午彩排、晚上演出，樂器回到聲子全部忙完已近午夜，團員一起宵夜。

經營支援系統

1. 人力：老闆一人、僱六人
2. 設備：招待所房間（15 間）、排練場（12 間）、專業演奏廳（80 個座位）＿老闆設計規劃，榮祥裝潢施工
   練習用樂器（超過一百種樂器）＿由老闆至各地選購
3. 客源：本地客約 50%、外地客約 50%（住宿部分均為外地客）

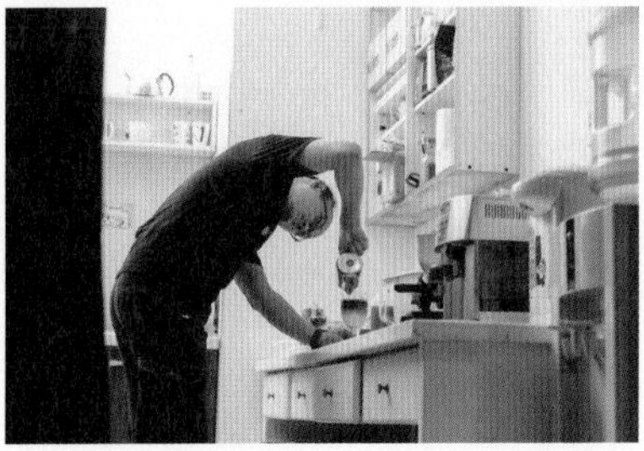

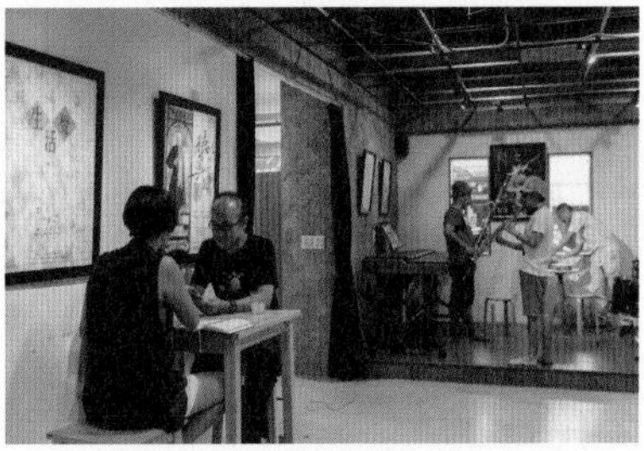

攀出一條生命的圓弧線

崩岩館

文字——梁皓怡

我們是山的朋友，所以用「崩」這個字。
山在朋之上，字的位階關係提醒著要尊重大自然，
我也從字型看待攀岩與環境教育這件事。——林彥均

09

花蓮市

火車站附近巷弄的一棟角間公寓，三樓以上是崩岩館。走上細長階梯先到三樓，公共空間有沙發桌椅電視書架，正前方是大吧檯，裡面廚具一應俱全，六〇年代美式瓦斯爐上的水壺正冒煙、牆掛著幾隻鑄鐵平底鍋，桌面有陶杯與手沖咖啡器材，乍看會以為是餐廳吧！不，這裡是提供給攀岩愛好者的抱石練習場，望向左邊，有比公共空間還大的區域，地板鋪著厚軟墊、牆面與天花板裝置各色岩點，非常專業貨真價實的抱石練習場。

老闆彥均不是體育系，曾念過會計與電機，因為喜愛運動與戶外體驗，他目前在東華大學碩士班主修環境教育，並經營花蓮第一間民營室內攀岩館「崩岩館」。彥均常在吧檯後煮食美味，朋友或來常來運動的客人都知道，可以預約分擔費用共食。三樓還有幾間房供來參加活動的朋友住宿使用，往四樓走是彥均的住家，再往上走的頂樓，是常與朋友聚會烤肉的歡樂大本營。空間的規劃使用完全凸顯：彥均愛自然愛運動也愛人。

想跟大自然再近一點

因為擁有繩索技術與電匠執照，彥均從屏東到台北，順利投入劇場技術人員的工作，善於溝通協調的天份，讓他成為接案技術人員的「領班」，舉凡電路配線、舞台燈光音響、演唱會，任何需要設計移動佈景的滑輪系統……都在他的營業範圍內，一做五年。

週末幾乎都在小巨蛋、體育場或兩廳院度過，都市通勤費時，職場環境的拚價壓力，工作時段與一般人顛倒……這些對他都是折磨。「因為這讓我無法時常到戶外運動，只能去室內健身房練身體，練到兩隻手臂粗到不能靠攏身體的健美先生模樣。」彥均不怕累，怕的是沒辦法到接觸大自然。

彥均原本和許多人一樣，認為花蓮是個適合退休後才來長住的地方，二〇一三年二月，聽說常住的背包客棧需要人手，他把工作機會爭取下來，隨即就

從台北帶了三個防水袋行李和一把烏克麗麗，一路騎摩托車來花蓮了，「我用Z字型騎，沿路欣賞風景。從汐止接平溪，行經宜蘭到員山，最後由大禹嶺從太魯閣下來。那天梨山產業道路的櫻花盛開得很美。」這段路一共騎了十二個小時，他越騎越放鬆，因為離花蓮越來越近。

愛上手腦並用的攀岩運動

彥均年輕就健身與慢跑，在一次的教育訓練活動中接觸到攀岩，逐漸喜歡上這個運動。對他來說，攀岩是一種絕對性的、相當誠實的運動，要是疏於練習讓身體哪個地方卡住了，一上場就看得出來。

剛起步的初學者，所有動作要不斷地重複操作，「除了觀察岩牆，還要了解自己的能力到哪裡，才不會受傷。手的肌腱和肌肉是不一樣的，強度需要慢慢累積與記憶。」攀岩過程也是正向思考的建構，觀察一個路線時，當下只會想著如何一步一步

去完成它，訓練專注力、協調性與思考邏輯。

「因此攀岩運動對小孩子也適合，對身心的鍛鍊具有正向效果，而且消耗體力之後回家就很好睡啦！」彥均鼓勵大家都來學攀岩，「還有，女性攀岩技巧運用會比男生好，男生用力量就能跨過的障礙，反而訓練技巧的比例就會下降。」

「沒有」是很好的開始

要進階是帶有難度的，而不練習很容易就退步，「所以我想，應該要有一個攀岩場地提供自己與岩友們練習，休息時能看到其他人的動作技巧，互相討論也容易激起鬥志。」

他觀察到攀岩運動在花蓮還不普及，「沒有室內練習場」正好成為支持他創業的主要因素之一。攀岩分三大項目：傳統攀登、運動攀登、抱石。彥均選擇先開立抱石館，場地需求高度五米、地下有軟

墊，是一種不需要綁繩子，一個人就可練習攀岩技巧與爆發力。

崩岩館採會員制，營業時間都能來自主練習，各地的選手來花蓮旅行、營隊訓練時都可以來練習，也有不少外國岩友循著攀岩專門網站特地前來。

為了能更細緻的照應攀岩愛好者的需求，籌建中的二館占地更廣，六十坪的空間除了抱石練習場，更附有讓人看了大呼過癮的十米高運動攀登牆，用以加強繩索技術與上攀技巧，並增設二樓小教室，邀請熟悉身體領域的專業講師們來此與大眾分享。

崩岩一館的客廳與遊憩空間，讓外地的攀岩者在旅途住房同時更能體現在地生活，二館的規劃則呼應著彥均由攀岩所衍伸的各式「風險管理」。他說「攀岩需要謹慎的審視，才有辦法判讀接下來以什麼動作完成。而其實每件事都需要這樣複雜的思維。」因此他設計更多元的練習場域，也希望藉由暑期營

隊的開設，讓在地兒童與成人在室內能獲得長期紮實的攀岩教育，去戶外野溪上課學會觀察自然，動腦同時也觀察自己處在自然當中的身體。

愛與敬畏的環境教育

彥均也有從事溪谷的生態導覽，他說，攀登的技巧運用在溪谷移動是相輔相成的。試著想像，負重三十公斤的登山裝備，面對階梯時高時低，若懂得運用攀岩技巧的力學原理，轉個側身可省下至少30%的力氣踩穩上去，就更有餘力去觀看週遭的環境。

他觀察到現在溯溪業者的經營模式，在商業行為的潛移默化之下，改變了人類對溪流的看法——穿著溯溪鞋、防寒衣、救生衣加上頭盔，卻讓恐懼、挑戰，大過對溪流的單純喜愛。「最糟的是穿上裝備就忘了敬畏大自然，你的觀察力、如何大自然互動才是主要的。有些業者對戶外的靈敏度極低，甚至沒有察覺上游快下雨了，或要避開水流湍急的地方。」

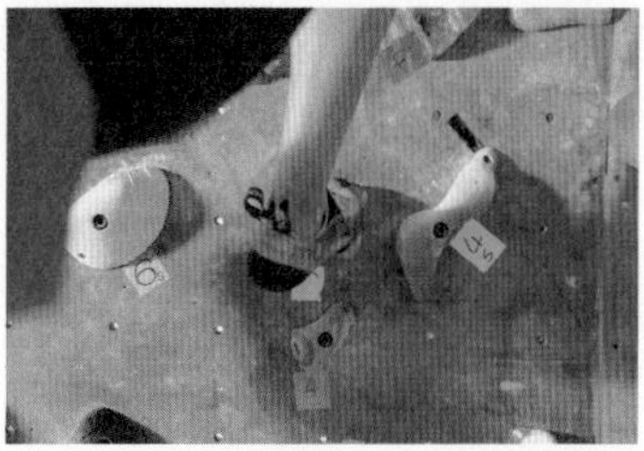

他經常到沙婆礑溪晨泳，接著清理溪邊垃圾，在撿不完的垃圾裡他看到，要如何讓環境意識在年輕一輩扎根，才是彥均想為花蓮做的事。於是身體力行去國家公園當解說志工，到大學念環境教育研究所，想要將戶外運動的熱愛，擴及至生態環境的關懷與落實。

與大家共享的理想生活

彥均在現實生存遊戲裡闖關，從各種難題底下學會百般武藝。日子有了攀岩之後，理想生活是可以每天專心練習，讓生命力與肌力一起增長，也許是這樣的狀態指引他走進花蓮過生活，也開始鑽研廚藝，出國攀岩旅行、或看守抱石館時，他總喜歡平實地煮一頓飯，用好料理照顧身邊朋友和比賽選手們。

生命曲曲折折，彥均騎來花蓮的路途蜿蜒卻伴隨著花瓣。

● 職人條件

1. 人格特質

自律性：運動員對於自身體能、體態要求超乎常人，攀岩運動更重視平時訓練、面對大自然的謹慎態度、以及當下的自我觀察。

2. 基本配備

專業能力：要長期在此專業運動領域中，設備選擇、同好連結，都需有一定的熟悉度。

管理能力：願意跨領域的學習，有助於將運動專長轉為經營面。

崩岩館

2016 年開業（採會員制）

地址：花蓮市國民一街 38 號 3F

電話：0966-475655

營業：14:00-22:00（週六日 10:00-17:00）

臉書：Bonus Bouldering Gym

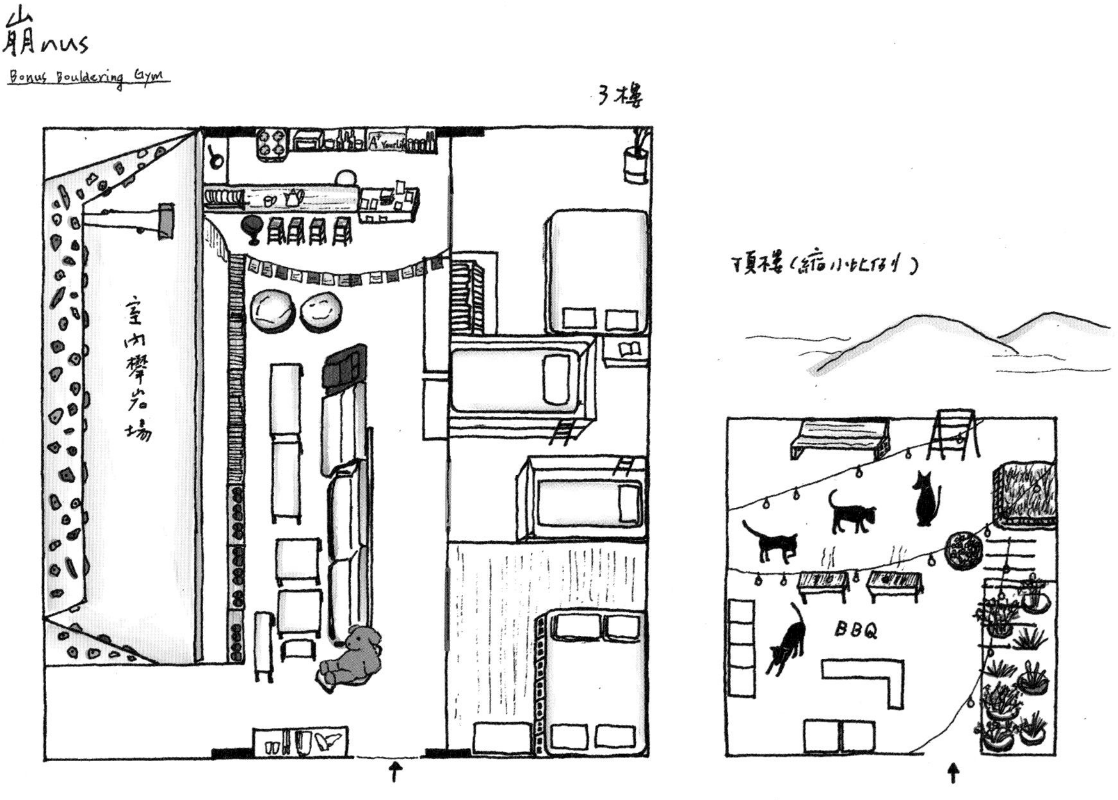

● 老闆的一天
（以比賽前兩個月的飲食與作息為例）

06:00-06:30	起床吃早餐，堅果配優格
06:30-08:30	低強度的有氧運動，例如佐倉步道健走、騎單車、晨泳
08:00-14:00	研究所上課，若沒課就到戶外探勘
14:00-22:00	開始營業，晚餐少量進食。高強度訓練，例如練習難度高的攀爬路線、或加上 TRX 訓練約一小時，運動後拉筋
22:00-23:00	休館，盥洗，休息

● 經營支援系統
（一館）

1. 人力：老闆一人、資源分享夥伴三人（室內攀岩教學、登山與繩索教學、溪谷溯溪教學）
2. 裝潢：室內配線__老闆自己來
入口壁畫__朋友創作
抱石館空間__朋友協力、stone 攀岩館（人工岩點、賽程路徑設計）
3. 設備：基本器材__攀岩鞋、攀岩主繩、安全帶、鎂粉袋、Gstring PRO 攀岩訓練器、TRX 繩、瑜珈墊瑜伽磚、按摩球。
輔助器材__小腿按摩器、低周波電療器、漫畫、Apple TV。
4. 客源：本地客約 30%、外地客約 70%（其中外國客佔一半）

好奇，打開身心療癒的管道

左手罌粟花

文字——王玉萍

10

花蓮市

愛是包容嗎？我不會說：「是，愛是包容。」

而是好奇，對你而言何謂包容？

每個人對包容的定義應該都不太一樣。

那麼，關於愛是包容這個想法，是從哪裡來的？

而關於愛，你所想的又是什麼呢？——Sera

問 Sera 為什麼會成為催眠治療師？她說：「因為好奇。」這個有想像空間的回答，需要細細體會。

當 Sera 還是美術系學生時，最不擅長的是寫創作者自述。擔任國小當美術老師時，不適應要給學生一個標準。她說：「從小到大，我對人心一直有很多好奇與疑問，但用語言難以表達完整。怕父母擔心，所以求學時選擇了容許有各種解釋的繪畫。」

問題與答案的依存

原本考美術研究所是順應家人要求，進去後受到最多的鍛鍊是自我提問，「妳的創作理念是什麼？」幾年辦畫展的經驗，Sera 更加確定自己不喜歡解釋作品、不想侷限觀者。不斷往內在觀看的歷程，引發她自主性地想考第二個碩班，這次是心理諮商研究所，卻在準備過程中因緣際會接觸到催眠，「這就是我要的！催眠師不是給被催眠者答案，而是陪伴引導，從問題去看見屬於他自己的答案。」

踏進催眠療癒的世界後發現，有的人只需要一個答案，有的人習慣去探索正面、背面、甚至側面各種答案……「我對生命有好奇。」Sera說，美國國家催眠協會證照有三：催眠師、催眠治療師、催眠諮詢／顧問，她依照自己希望發展的面向，考取後二者。

家是活的

Sera的家很像她。我們以為的院子、以為的家，在這裡有各種樣貌同時存在。

前院的兩棵大樹下是咖啡館、Sera陶藝作品展示空間、也是五隻貓的家。打開屋子門是走道，一側是咖啡館老闆烘豆子的空間、另一側是Sera做催眠的工作室與臥室。再往裡走理應是一般人家的客廳，規劃成Sera的陶藝工作室、室友的木工工作室。這屋子是家，也是三位職人的工作場域。

家的廚房呢？Sera 讓咖啡館同時具備廚房功能。咖啡館的營運時間是配合生活，午餐休息後開門營業，打烊到入睡前還有很多時間，如此安排讓三餐都能從容料理，休假時可邀約朋友在咖啡館共食。原來只要時間安排妥當，咖啡館就是家的一部分，工作也是生活的一部分。

Sera 在家裡擁有兩個工作室，做催眠與燒陶。她的陶做得極好，很受到咖啡館客人歡迎。但催眠推廣初期，卻讓她感到困難。「也許是以前電視上的催眠表演影響吧？很多人對催眠有誤解，以為心智會被控制。」她感受得到，人們害怕，自己也不喜歡的陰影會被別人看見。

催眠讓人更清楚看見自己

「其實催眠的過程心智是全程清楚的，如果能懂一點點催眠的概念，就能多一種能力去照顧身邊的人。例如，讓失眠的人睡得安穩些、讓生病疼痛的

人得到舒緩、讓受到困擾而痛苦的人看見原來發生了什麼事情。」Sera很想要跟大家分享，於是除了在自家的工作室裡接催眠個案，她也嘗試到外面不同空間舉辦小團體催眠體驗。參加者以自由捐的方式參與，然後把募得的款項全數捐給公益團體，「我希望大家透過活動，能對催眠和潛意識有更正確的認識，而不是停在既定或錯誤的印象裡，催眠可以是照顧身心的一種選擇。」

「要怎麼推廣催眠呢？」之前有一點點的急迫感，來自於對社會的觀察。不只成年人有壓力，越來越多孩子被診斷有各種病症，多數不知所措的爸媽也只能自我說服，「至少安心，知道是什麼病了。」孩子確實因為吃藥變安靜了，但思緒反應不如以往靈活，因為孩子的心靈被關掉了一些房門。

「如果我們先不貼上生病的標籤，多一點『好奇』去關注孩子的狀態，或許能協助他找到調適身心的方法。」Sera提到電影《會計師》裡的一段情節。

男主角小時候被帶去看兒童行為治療師，爸媽焦慮地問，「他的病叫什麼？他以後能過正常人的生活嗎？」治療師回應，「我樂意用你兒子的節奏和他待在一起。幫他發展一些日後需要用來生活的技能，讓他學會交流、眼神接觸和理解人們的非語言指示……」

Sera對這段情節很有感觸，她觀看自己擁有的能力，是否能協助人們「多一些發現，讓自己過得好一些？」

生活裡處處有療癒的可能

Sera常說：「催眠是很生活的。」大家聽聽並不了解。她會在咖啡館休假的日子與好朋友們聚餐、也會交換天賦，她教陶藝、朋友們教攝影、跳舞、皮雕……。某次朋友們相約來看出窯時，一位朋友喜孜孜地說：「好喜歡這次做的，比以前做的都好啊！」Sera觀察到朋友的身心轉化，「你之前做陶

時，心比較浮動，這次看作品就知道，穩定多囉！」經由 Sera 專業的提點，朋友回想自己做陶時的感受也產生了共鳴，與 Sera 一起探索那段時間的身心狀態，更清楚看見現在的自己。

現在的 Sera 對於催眠推廣不急迫了，「怎麼說呢？自有安排？或者說，我準備好了，需要的人自然會出現。」她確信，催眠是一個探索生命的管道，做陶、寫字、畫畫也可以是，只要願意以開放的態度進行探索，坐在樹下靜靜喝杯咖啡，也能與自己的心好好相處，這才是生活真實的樣貌。

多一點好奇、多一點耐心，看見的生命樣貌永遠比想像的更為豐富。不論用什麼天賦去發現，探索的過程，就是一種愛的過程。

職人條件

1. 人格特質

好奇與同理心：對生命狀態與人心充滿好奇，喜歡並擅於觀察，能展現溫暖的同理心。

2. 基本條件

專業資格：不斷豐富知識與經驗的心，保持自我覺察的習慣。

左手罌粟花

2016 年開業

電話：0963-019640

（因工作性質關係，不方便接電話，可簡訊聯繫）

臉書：左手罌粟花

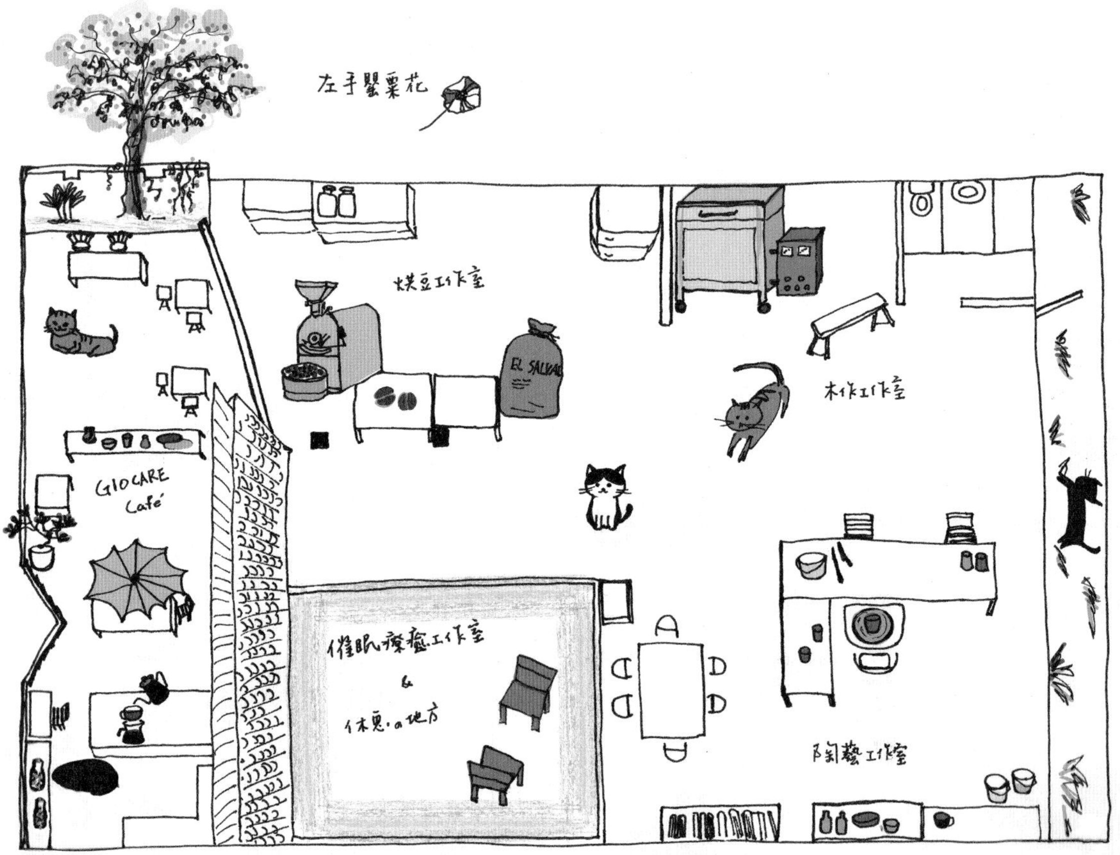

老闆的一天

07:30-10:00	起床絕對沖一杯咖啡，列出一日重要事項，早餐後可能上市場買菜或做瑜珈。
10:00-12:00	催眠諮詢探索（預約制）、規劃課程活動或製陶，偶爾與朋友外出。
12:00-13:00	午餐時間
13:00-14:00	整理環境
14:00-19:00	咖啡館營業時間
19:00-20:00	晚餐，是令人滿足的時光，可能搭配一本好書或者愉快的談話。
20:00-22:30	閱讀與書寫

經營支援系統

1. 人力：老闆一人，貓兒五隻
2. 設備：催眠諮詢 /
   空間 __ 舒適有隱祕性的小空間
   椅子 __ 舒適的自家用品
   陶器製作 /
   練土機、轆轤 __ 二手購入
   電窯 __ 鴻昇窯業
   陶土、釉料 __ 陶庫工作室
3. 客源：本地客約 50%、外地客約 50%

我們的工作，就是在花蓮旅行

花蓮旅人誌

文字——黃美娟

如何將來花蓮旅遊的氣氛重新找回來？
這好像是我們的工作，但我們該如何把它找回來？
面對自己，希望能更自由的報導與書寫。
面對旅人，想說的是：要慢下來。步調要慢要深，
一小段一小段慢慢來，比較符合這邊的特質。——黃松義

11

花蓮市

左：黃松義，右：劉百玲

十五年前，因軍中原住民同袍的邀約，阿義飛越中央山脈，俯視美麗的七星潭海灣，緩緩降落在花蓮，一玩就是三個月。接著阿義就下了決定搬來花蓮，離開不怎麼喜歡的台北、暫別過去網頁設計工作。頭兩年，他和原住民朋友一起過著打零工的生活、到處遊山玩水，沒有成家的打算，也就不覺得生活有困難。

徜徉在山水之間的樂趣勝於工作的瑣碎，生活中值得的記憶成為一篇又一篇的旅途記述，於是有了原本只為分享個人喜好的「花蓮旅人部落格」，無意間吸引許多陌生的回應與留言。被花蓮旅遊氛圍所吸引的阿義，藉著雲端吸引了另一群還未來此的旅人們。

在花蓮有了家，繼續旅行

阿義應該是最早以深度旅遊的圖文記述介紹花蓮的人，他的部落格成為很多人來花蓮旅遊的重要參考，那時正是花蓮民宿蜂擁而起的年代，「應

該要在花蓮有個穩定的工作了。」阿義開始接案，幫民宿與店家設計網頁，這賴以為生的新工作，被他安排在另一個平台「花蓮玩樂誌」。原本逃離的網頁設計世界，再次成為謀生的技能，只是這一次不任職於某某公司，而是更貼近自己所喜歡的模式，讓旅行中的精彩，成為在家的工作與生活。

二〇〇七年阿義有了終身旅伴，喜歡和人聊天的百玲終於願意搬來花蓮，並成為旅人最佳工作夥伴，「對外，主要都是百玲出面採訪記錄，我在後面默默進行攝影與聆聽。」害羞的阿義笑說自己的如意算盤。對內，一樣是由百玲包辦與店家合作溝通等行政事務，阿義在後端默默進行網站與刊物的設計編排。

旅人設計花蓮的家時，特意請師傅將大門往內移一些，空出小小的美好花園，其中也有阿義爸爸栽種的植物，舊家來的生命在新家適應得非常好。二層樓的房子，幾經調整後也適應得很好，生活與工作的區域逐漸確定。

二樓是阿義與百玲的起居空間，客人止步。一樓是工作與生活、自家人與客人交織的空間。一樓入門處有書架、舒適躺椅、大木桌，這樣的好門面是接客區，後端的空間是兩人的工作與生活空間，客人欣賞得到但不會介入。那兒僅以一個漂亮木架子便清楚劃分為阿義、百玲各自管轄區。主要負責家事的百玲，剛開始還會幫忙整理阿義的電腦桌，卻發現會造成他工作時的困擾，於是有了默契空間自主管理。阿義有面窗的工作桌、書架上豐富的旅遊書籍是醒腦糧食，最後端廚房是百玲喜歡的模樣，尤其是那漂亮木架子上的各式茶罐都是珍藏。

無外人的時光，可欣賞花園綠意的接客區，就由兩人獨享，用餐、聊天、書寫。

優質的旅遊資訊，值得付費

許多人都好奇他們如何靠著吃喝玩樂來過生活？現

借住一晚
我在旅行
搭便車

今的《花蓮旅人誌》即是答案，「經過很久的反覆思考，正正當當的混口飯吃，並不是什麼見不得人的事。」阿義確定自己是站在旅人的立場精選合作店家，做公正的呈現與報導，於是當初被屏除在外的「花蓮玩樂誌」商業文，已光明正大地回歸到《花蓮旅人誌》。

相信自己的堅持與原則，果真也會獲得店家與讀者的信賴。他們又進一步將雲端化為紙本旅遊期刊、地圖等，不論是工整的街道圖或是有溫度的手繪地圖，許多在地店家都樂於購買，因為它一直是來花蓮旅行的人公認有口碑的最佳指引，這樣的「使用者付費」優質紙本旅遊資訊，也成了《花蓮旅人誌》很大的特色。

想讓更多人由衷喜歡上花蓮

旅人誌之志在何方？或許只是想讓更多旅人都由衷地喜歡上花蓮，看見這裡的美好，如同過去的他們

一樣。十五年的時間有多長？從旅人變成歸人，沒有變的是，持續記錄著這城市中每一角落的風土民情。滿意這樣的工作與生活嗎？阿義不假思索地說：「不甚滿意，因為現階段仍需要靠跟店家合作的商業模式才能維持生計。」

觀光是花蓮發展的主要方向，跨的產業別極為多樣，政治、經濟、天然人為災害種種因素都會對旅遊環境產生影響，《花蓮旅人誌》則會受到業主們的影響。「還是會不時構想著未來的另一種可能，希望可以自給自足，是什麼樣子還不能確定……」阿義的每一篇圖文，都是花很長時間反覆醞釀出來的，對於未來的自給自足嚮往，也許會需要更多時間，但值得期待。

曾經是旅人的他們，愛上花蓮的美並享受旅行中所有的美好，只因他們時常以旅人的角色來過生活，所以依舊能感到新奇有趣。「如果要問花蓮旅遊的氛圍是什麼？或許我會說，請來住一段時間、過一

段生活，然後就能體會出，什麼才是花蓮旅遊的氛圍。」這是一趟旅行就被花蓮綁住的阿義，十五年始終未變、真心誠意的分享。

職人條件

1. 人格特質

喜歡庶民生活文化：由於每個人生活習慣差異很大，所以面對各行業的環境、日常生活，如何切入、如何體認變得很重要。

不排斥商業行為：但仍需堅持自己書寫方向，不誇大美化、不譁眾取寵。

遊走的好奇心：喜歡到處走走，這是很重要的！

2. 基本配備

有寫作能力、會架設管理網站。

花蓮旅人誌

2004 年開業

網址：www.hl-net.com.tw

Email：mail@hl-net.com.tw

臉書：花蓮旅人誌

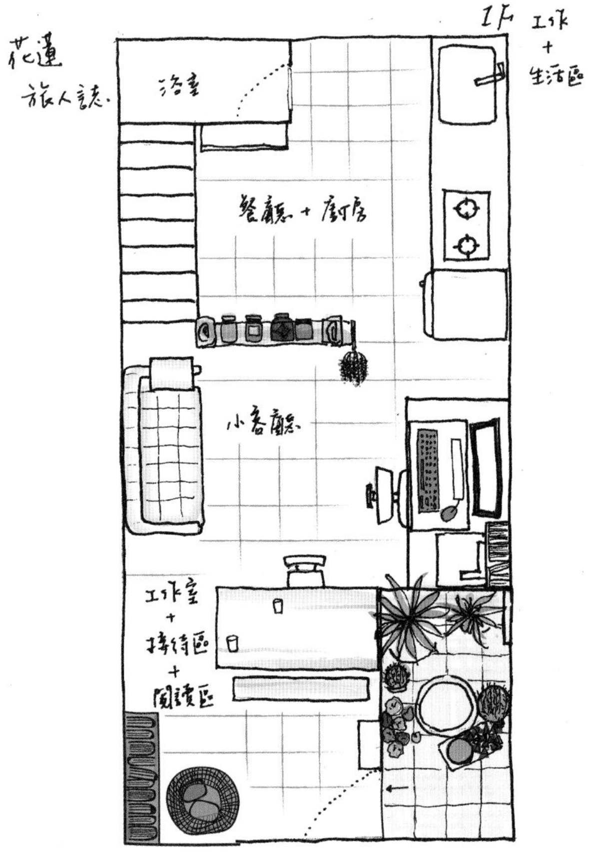

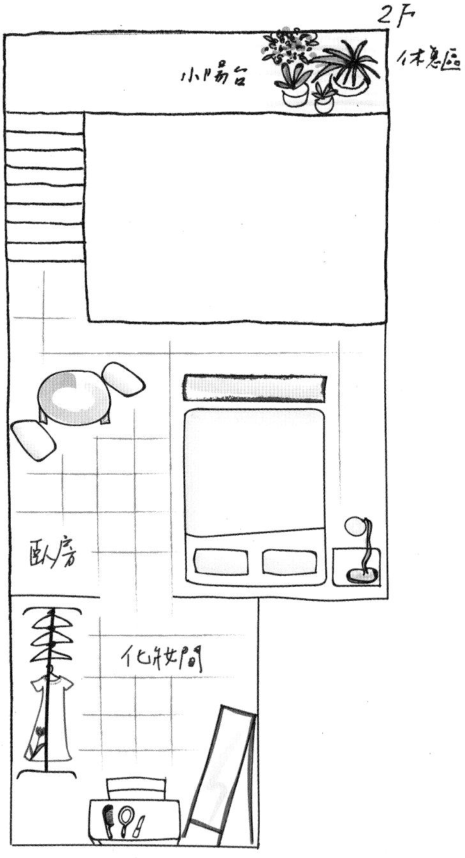

老闆的一天

06:00~08:00	起床後到郊外運動散步（美崙山、七星潭……）
08:00~10:00	百玲準備早餐，阿義處理網上留言與雜事，然後吃早餐
10:00~13:00	工作時間（阿義負責網站，百玲則負責行政與接洽）
13:00~14:00	午餐，休息
14:00~18:00	工作時間（如有和客戶約訪，多安排在下午）
18:00~20:00	晚餐
20:00~23:00	盥洗，休息

經營支援系統

1. 人力：	夫妻二人
2. 裝潢：	越牆工園主人設計（友情協助）、居家空間擺設
3. 設備：	硬體 _ iMac
	軟體 _Dreamwave（架站軟體，依所需修改程式）、Photoshop（修圖）、CorelDraw（排版）
	印刷 _ 健豪印刷
4. 客源：	本地客 100%（不接花蓮以外案子）

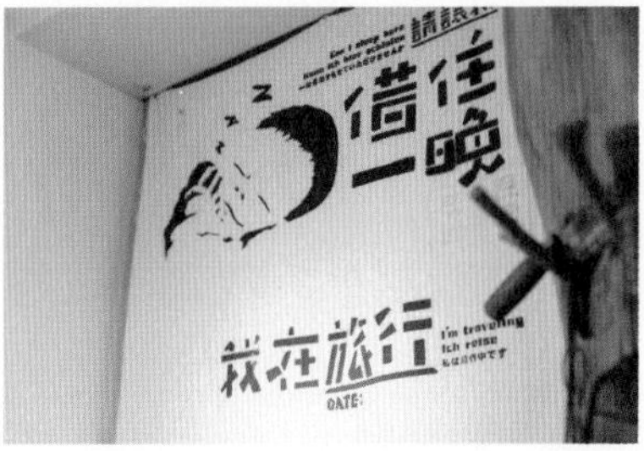

吃一頓家的味道，得之不易的簡單

美滿蔬房

文字——王玉萍

12

花蓮市

我會到院子裡採野草野花入菜，那是學我媽媽的。
小時候，我媽媽會在路邊採野菜，龍葵、黃鶴菜、紫蘇菜……
全部都倒進鍋裡，打個蛋就成了野菜蛋花湯，速速完成家人的早餐。
後來知道，原來她是學原住民講的「八菜一湯」。——邱麗玲

曾經在某間店喝到白蘿蔔濃湯，有奶香味呢！老闆娘親切說出訣竅，裡面有加堅果打成泥。正誇讚老闆娘不藏私，她微笑，「因為這是另一位不藏私的廚師教我的。」說的是「美滿蔬房」的邱麗玲。

比最新鮮還要講究的食材

使用有機無毒食材，是麗玲做餐的原則之一。平日去熟識有機農場的門市、假日到小農市集，一些特別食材還是得親自到農場去選購。如此費盡心思準備的當季好食材，料理已勝了一半。

美滿蔬房的餐至少要前一日預約，確定人數、來客特質後，麗玲會把構思好的菜色畫先在本子上，客訂當天起個大早去採買，若發現不在預設內的好食材，隨即在腦海裡變換搭配。小小家庭廚房裡的爐子、烤箱、電鍋、調理機，像是樂團的各部樂手，在麗玲慢慢洗洗切切的聲響中，也輪番

啟動。麗玲一個早上的時光在廚房交響樂中度過，如果是晚餐有預約客，她極可能會將廚房交響樂延長到下午。

什麼是簡單料理呢？

麗玲偶爾會去寺廟、禪修中心幫忙做料理，同時一起聆聽佛法，營業做素食卻不是宗教因素，而是曾經有素食朋友邀請創業，她從此不再做葷食料理，也自然而然地不吃肉。麗玲家客廳是客人用餐的地點，空間裡沒見什麼食譜書，醒目的是一字排開好幾本一行禪師著作。「能夠慢下來，好好品嚐食物，就增加了生命的厚度。」麗玲對做料理，也是相同的心念。

當麗玲把圖案變化成料理端上桌，為客人說菜時，從不說食材有多難得、花費多少時間準備這頓料理，最常講到的卻是「簡單料理」幾個字。

「簡單」是她喜歡上料理的幸福起點。麗玲小時候愛待在廚房看媽媽做菜，媽媽除了示範超級簡單的早餐野菜湯，晚餐時也會讓她試著拿鍋鏟體驗一下炒菜。小學時候的麗玲，就開始吆喝同學到河邊煮飯。拿一個空鳳梨罐、一盒火柴、一把從媽媽廚房偷的米，學媽媽在路邊採野菜，然後撿幾顆石頭堆疊，架上鳳梨罐，把米與菜全都丟進去，生火，簡單就能做出菜飯了。

長大一些，直接邀請同學到家裡吃飯，爸媽也不會反對，這讓麗玲的生活一直有料理，總是樂於嘗試創新，「我超會燉牛肉，還讓同學帶回家，教他們如何弄就成為燴飯、牛肉麵……。」麗玲高中時媽媽常待在公司加班，於是麗玲升級為家裡的主廚，由爸爸負責採買，冰箱裡有什麼就煮什麼。「有一次想包水餃，但冰箱只有炒飯，我就拿炒飯來包水餃！」爸爸怎麼都沒想到女兒如此會「清冰箱」。

做菜是興趣，正好可以維生

吃過麗玲餐的人，肯定不相信她是學會計的。做得太好吃，居然非科班出身！還有，會買菜的人都看得明白，食材成本也太高了吧？「不嚴格控管食材成本，連續工作三天就要休假，每月營業額以房租保險等固定支出為底線。」這是麗玲為美滿蔬房訂立的營業方針。

麗玲曾在中國工作幾年，擔任台灣老闆的職務代理人，經手大筆款項，「跑遍大江南北」形容也不為過。辛苦工作存好錢就辭職，一心想回花蓮創業開店。曾經營過咖啡館、輕食店、蔬食餐廳的麗玲，三年多前回家做預約餐，因為要好好照顧相依為命的老狗美滿，小小「美滿蔬房」的立牌佇立在家園的七里香樹下。

客源來自過去熟客的「口耳相傳」，宣傳只有臉書粉絲專頁，主要也是用來通知大家，哪幾天不能接

預約，可能是到外地接主廚工作、也可能是去旅行。臉書的名稱是「美滿蔬房——麗玲＆美滿」，麗玲說：「會有客人問我，怎麼沒見到妳的另一位夥伴美滿呢？」當她抱起老狗美滿，客人笑得比她還誇張。

眼看創業夥伴的健康每況愈下，她常常抱著美滿說：「你要走時，記得要跟著佛祖走喔！」一次麗玲接外地工作，把美滿寄養在朋友家，晚上朋友來電，美滿到天堂了。沒多久美滿蔬房繼續營業，「我只是想很誠實地活著，一直往喜歡的路上走。」麗玲展現出讓朋友們意外的勇敢，美滿也繼續活在生活裡。

做餐是生活，天天不一樣

白蘿蔔湯加堅果泥讓人歡喜，豆皮豪氣地包大把金針菇香煎讓人驚訝，紫蘇梅熱炒紅鳳菜讓人意外……。每次吃麗玲餐，都讓人忍不住「哇哇哇」

地讚嘆，令人意想不到的搭配，也太聰明了吧！

麗玲創業三次，也曾經沮喪與不相信自己的能力，終於修正出一種最簡單的經營方式，就是把做餐視為生活的一部分，把客人當家人。麗玲在家做餐接待客人，像是從前做餐給爸媽、同學吃。客人相信麗玲的手藝與用心，有人每天訂餐、有人分享好食材的購買處、有人介紹外地主廚或教學工作，還有人邀請麗玲「到家裡清冰箱、換住宿」。

麗玲說，她的工作就是去看到食材，想像可以用什麼樣的烹飪方式搭配，會變成什麼樣子、味道，然後就直接做餐了。因為講求食材最新鮮，總是確定預約的當天採買剛好的份量，實在不能失敗。還有，若第二天有外地工作，也完全不用擔心冰箱有剩料。

麗玲會把菜色構想畫出來，並不是要建立資料庫，而是天生喜歡用視覺美感來組合味覺。所以美滿蔬

房無法讓客人點菜，因為有機當季食材不是想買隨時買得到，即使是相同食材，每年也可能大小風味不同，料理方式就需要做些調整。而且麗玲相信，看到食材時想像的料理方式，一定是當下最適合的。

或許每個人都對自己的天賦感到平凡，麗玲說菜時，總是能簡單就簡單，覺得自己的料理沒有什麼了不起。客人若詢問，她一定回答烹飪訣竅，像是一般野莧菜會加小魚乾等海味，不吃肉的人，可以用海苔絲取代。蘆筍的老梗炒起來不好吃，但可不要丟掉，加一杯水用大火煮開後，轉小火繼續煮約二十分鐘，放涼適度加甜調味，就是美味蘆筍汁。還有，不是所有野菜隨時都可以採，有時候是葉子好吃、有時候是花朵好吃，在不對的季節採就不對味了。

這些其實不是特異功能，麗玲的生活裡一直有料理，所有的食材與料理知識不是從書本裡學習來的，而是生活中的體驗。

職人條件

1. 人格特質

持續的熱情：熱情要持續，才有可能每日花很多時間在料理工作上。

樂於嘗試：食材的搭配有勇於嘗新的創意。

2. 基本配備

熟悉節氣食材：對於食材的挑選有專業與執著。

精於食材搭配：用簡單的做工，呈現出有味的料理。

美滿蔬房

2013 年開業

地址：花蓮市明禮路 69-2 號

電話：0912-519-759

營業：採預約制

臉書：美滿蔬房｜麗玲＆美滿

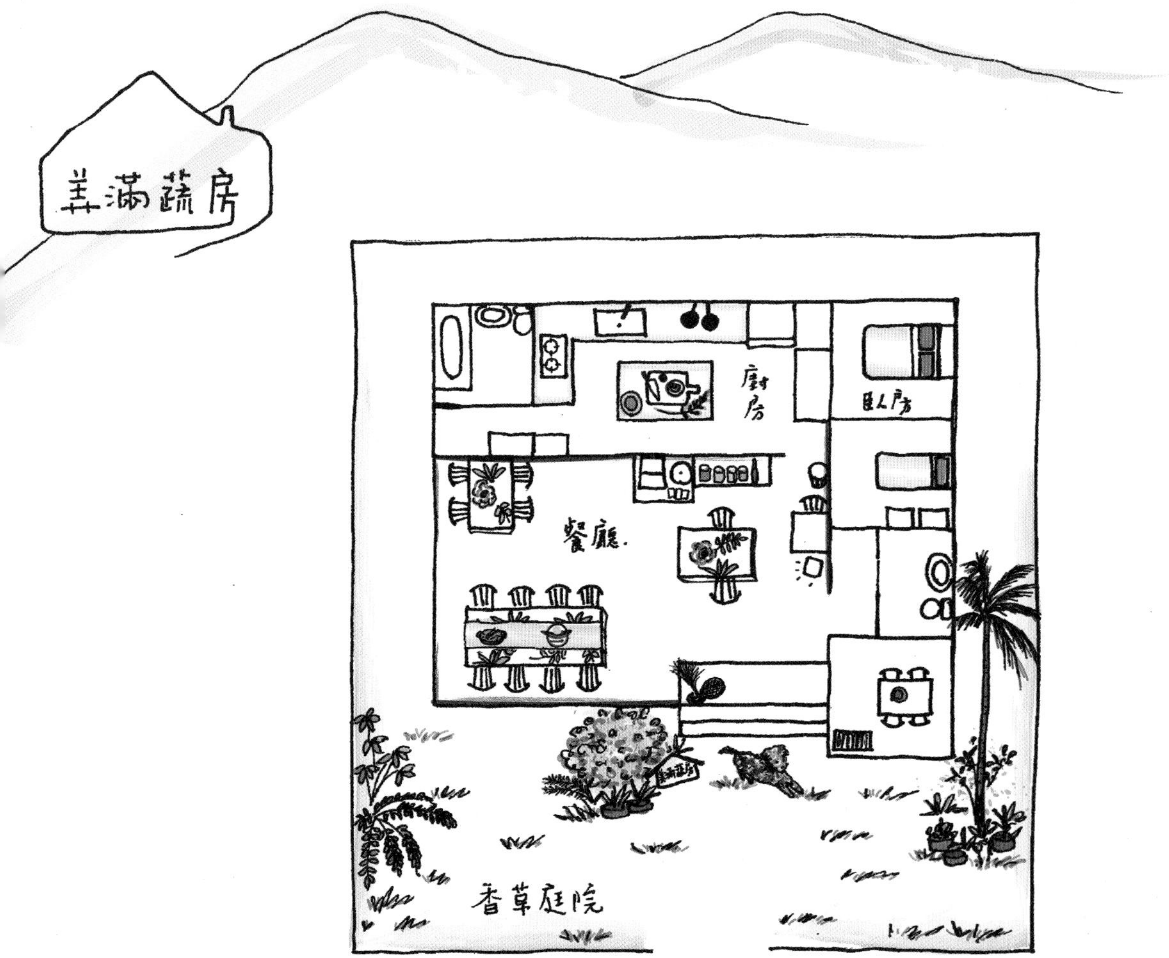

● 老闆的一天

午餐預約 ——

06:00-08:30	起床、為中午預約餐備料
08:30-10:00	簡單早餐、庭園澆花
10:00-12:00	料理中午預約餐
12:00-13:30	營業時間
13:30-15:00	清潔打掃
15:00-18:00	午茶、休息時間
18:00-20:00	在家或出外晚餐
20:00-23:30	散步，盥洗，靜坐，休息

晚餐預約 ——

6:00-7:30	起床
7:30-11:00	出門買菜，找地方吃早餐、寫菜單
11:00-11:30	休息
11:30-13:30	為晚上預約餐備料
13:30-15:30	午茶、休息時間
15:30-18:00	料理晚上預約餐
18:00-20:00	營業時間
20:00-21:30	清潔打掃
21:30-23:30	散步，盥洗，靜坐，休息

● 經營支援系統

1. 人力：老闆一人
2. 裝潢：設計師友人規劃專業廚房
3. 設備：居家空間擺設
4. 原料：健草農園、好事集、花蓮農會有機商店、花蓮在地小農
5. 客源：本地客約 70%，外地客約 30%

祕徑裡有香氣

美美里信窯烘焙

文字——連竟堯

每天做麵包工序都一樣，難道不會無聊嗎？
其實這跟過去在社福機構擔任輔導工作的本質很相似，
接觸的孩子都有自己的個性，
每一次麵包出爐前，也都不太能確定是否如想像中的味道？
這讓我感到很好奇也充滿挑戰。——里信

13

縱谷線

左：雲子，中：里信，右：阿賢

當工作異動與罹患腦瘤這兩件事同時發生在一個人身上時，我們不會說這是一個恩典或是祝福，然而花蓮第一間窯烤麵包坊「美美里信」，卻是在這樣的情境中誕生。

里信還在花蓮善牧中心任職時，陪伴學員參與烘培課程過程中，發覺自已也很有興趣，於是認真考取了丙級烘焙師執照。二〇一一年里信離職考慮創業的時候，台灣窯烤麵包正風行，於是跟比自己更早離職的好朋友雲子，展開一趟環島觀摩學習之旅。不久里信就發現視力莫名衰退，經過進一步檢查，是腦瘤。

到台北進行治療之前，里信跟爸爸谷木說，希望能夠在家中院子裡有一個窯，她想要用對烘焙的熱情，為自己創造一個機會。「我真的，很想要一個窯來烤麵包。」

當里信完成治療回來，家裡果真矗立起一座窯，

「爸爸總是有自己的想法，做出來的一定跟討論的不一樣。」里信笑著說，窯下面居然有四個輪子！因為爸爸覺得在小巷裡開麵包店怎麼會有生意？估算著以後這個窯還是要移動到自己家在馬路邊的土地，開一間「真正的麵包店」方為上策。這座爸爸親手做的窯是麵包坊最初的基礎，里信是阿美族名字、美美是小名，「美美里信」是過往與新生活的連結。

香味指引豬窩天堂

「就是直接走小巷子進去買嗎？」美美里信的鄰居時常要面對路人提問。網路地址只寫到30巷，沒有門牌號碼。是啊！小巷子直接通到里信家的花園。左邊穿過葡萄藤架就是麵包窯房，後面是豬窩改建的小賣店。每天出窯約四種口味，網路公告每日不同口味，中午陸續出窯。黃昏收工，如果有客人已預定但還沒來拿麵包，他們會在門口放一小錢筒，標示「已訂麵包的朋友請自取」。週日公休，長期休假臉書公告。這是美美里信窯烤麵包四季如一的

簡單運作。

這個「簡單運作」對里信、雲子來說，是彷彿上帝聽見了他們的夢想而給予的路徑。沒做過麵包生意的兩人，不斷試做、送朋友吃、徵求意見改良。有一天里信說：「可以賣了。」雲子便到巷口掛起小招牌。當第一位客人循著香氣、看見招牌走進小巷裡買麵包時，他們從雲端踏到地上，真正可以做麵包生意了！隨著業績越見起色，情商谷木爸爸將後方的豬舍改造成銷售店面，雲子為他取名「豬窩」。

後來增加了里信弟弟阿賢，成為三人經營的事業，谷木爸爸仍是最重要的支柱與靈魂，做完窯之後，每天還需要負責在社區四處張羅收集燒的木材。門口葡萄藤架，也是里信第二次到台北治療前，與谷木爸爸說的願望。

現在換成阿賢弟弟對谷木爸爸說，要與爸爸學習

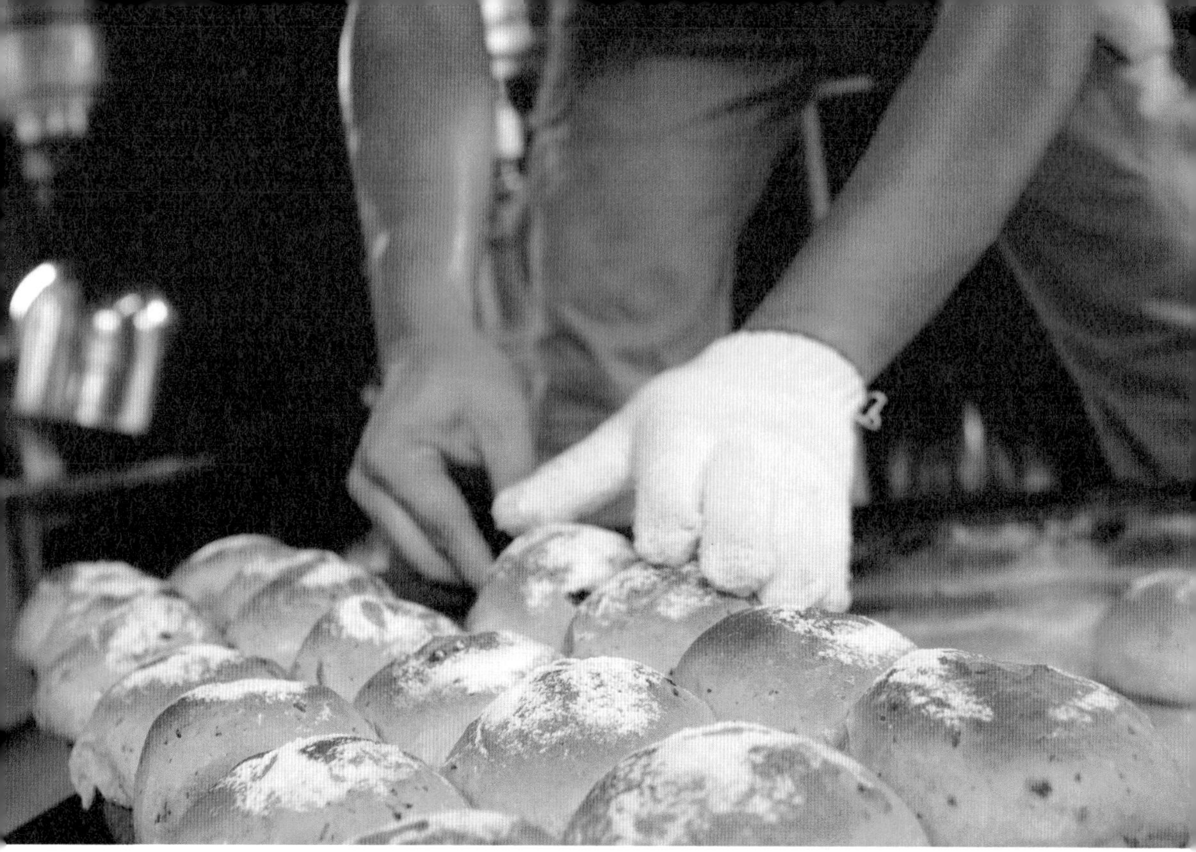

鐵工木工的技藝，他想讓這個願望成為家的傳承。

谷木爸爸種給你

窯烤麵包坊能持續研發出不同口味，除了雲子自製的紅麴、從新竹老家帶回的蘿蔔乾、客家擂茶，絕大部份食材都是從谷木爸爸田裡產出，或是客人朋友自己栽種送來的。

「當谷木爸爸知道我們跟隔壁農夫買芋頭時不太高興，馬上自己也去種。反正里信想要什麼食材他就種什麼。雖然常常只種一次，但因此直到現在，我們都有源源不絕的新食材。」雲子說，谷木無所不能的愛，就像是麵包窯最需要的柴薪，源源不絕。

「家」概念的麵包店

大病過的里信，不希望再承受太大的工作壓力，

在家工作是最好的模式。在產品的想法與規劃上，也以家的想像與需要為出發點。美美里信所烘焙的吐司都是正方形，份量剛好適合一家四口一餐，這樣的規格後來還帶動花蓮其他麵包店。

附近鄰居都還使用柴燒方式煮水，因此使用窯燒並不會在社區成為困擾。然而窯烤費工費時，美美里信的麵包單價比一般麵包店稍高，無形中也篩選了客群，距離花蓮市約二十分鐘車程，會循小徑走進來的客人，都是預約或慕名而來的。

里信說：「每天早上約六點，我會依照臉書粉絲專頁與電話留言的預購數，來決定一天的製作量，通常假日是平日兩倍的量。我都會多做一些麵包，提供給現場來的客人。」雲子說：「常常有人進來發現已經賣完了，幾次後也會記得要先預約，目前預約量約佔八成。」極少有沒賣完的，那時就會送給街坊鄰居分享。

出其不意的新口味

「每個季節有不同的食材，每天的氣候與濕度對烘焙也會有影響。」里信樂於接受挑戰，對烘焙的熱情也發揮在改造工具的巧思上，「原本用來烘焙海綿蛋糕、戚風蛋糕的用具，我請谷木爸爸改良，把兩個底鐵盤併成一個鐵盒，就變成適合承裝小麵包的窯烤器具了。」

訂閱美美里信粉絲專頁的朋友，每天都期待「又變出了什麼新口味的麵包」，已開發超過一百種口味的麵包或吐司，經過雲子試吃認可正式上架的口味也超過七十種。芋頭、金萱茶、紅麴酒釀桂圓、朝天椒、紅糖老薑、Oreo餅乾、甜糯米巧克力、客家擂茶、日曬蘿蔔乾起司……口味根本就像是健達出奇蛋，每天都讓人充滿期待與驚喜。目前店裡最受歡迎的招牌是周六固定出爐的「奶酥麵包」，也特別在月圓時烘焙「月光餅」。

吃久成好友

擅長熬煮配料的雲子也負責行銷，數以百計的客人當中印象特別深刻的，有一位是在開店不久從台北來的客人，吃過後直接匯五千元過來，第二次改成匯一萬元，最近則匯了兩萬元，「到現在還在倒扣金額中，」雲子說：「只見過那麼一次面，他們一家人這幾年吃遍了我們的吐司與麵包，成為死忠顧客。」

另一位在台北與宜蘭兩地居住的客人，則是一定要在兩個家都隨時能吃到美美里信麵包，所以雲子都會輪流宅配麵包到兩個家中。

喜歡美美里信麵包的在地人，還會送來家中採收的食材，「我們因為麵包交了很多朋友。」里信盡可能地把食材放進麵包裡，當歸與刺蔥這兩個口味的麵包就是這樣誕生的。

這間坐落在中央山脈旁南華社區裡的窯烤麵包店，五年前在小巷口掛上招牌開幕，現在單日最多可賣出一百條吐司。吸引許多慕名而來的客人，但小巷祕徑真的不如單車道好找，「有客人到吉安騎單車，就直接由單車道跨過田間路，從我們豬窩的落地窗進來買麵包。」雲子笑說。

美美里信既是家、也是一個乘載著夢想的地方，他們持續地在烘焙工作中變出更多的魔法。

● 職人條件

1. 人格特質

創造力：對食材的運用及搭配，有很好的想像力，才能不斷有標新又不衝突的麵包口味出窯。

執著：堅持可靠食材、簡單口味，維持手感的溫度。

低調：以口碑相傳，不譁眾取寵。

2. 基本配備

特殊原物料：跟鄰居維持良好關係，林地修整時會主動通知去拿修剪的樹木。隨季節變換當令食材，自家栽種、在地食材優先選用。

獨門特色：柴燒窯烤是我們最迷人的地方，麵包窯定期微整型，讓窯不失溫。時時把環境整理好，讓不遠千里而來的客人覺得不虛此行，有種「巷仔內」行家才懂的祕境感。

美美里信窯烘焙

2011 年開業

地址：花蓮縣吉安鄉南華五街 30 巷

電話：0958-189-035

臉書：美美里信

(週日公休，週一不固定休假會公布於臉書粉絲專頁)

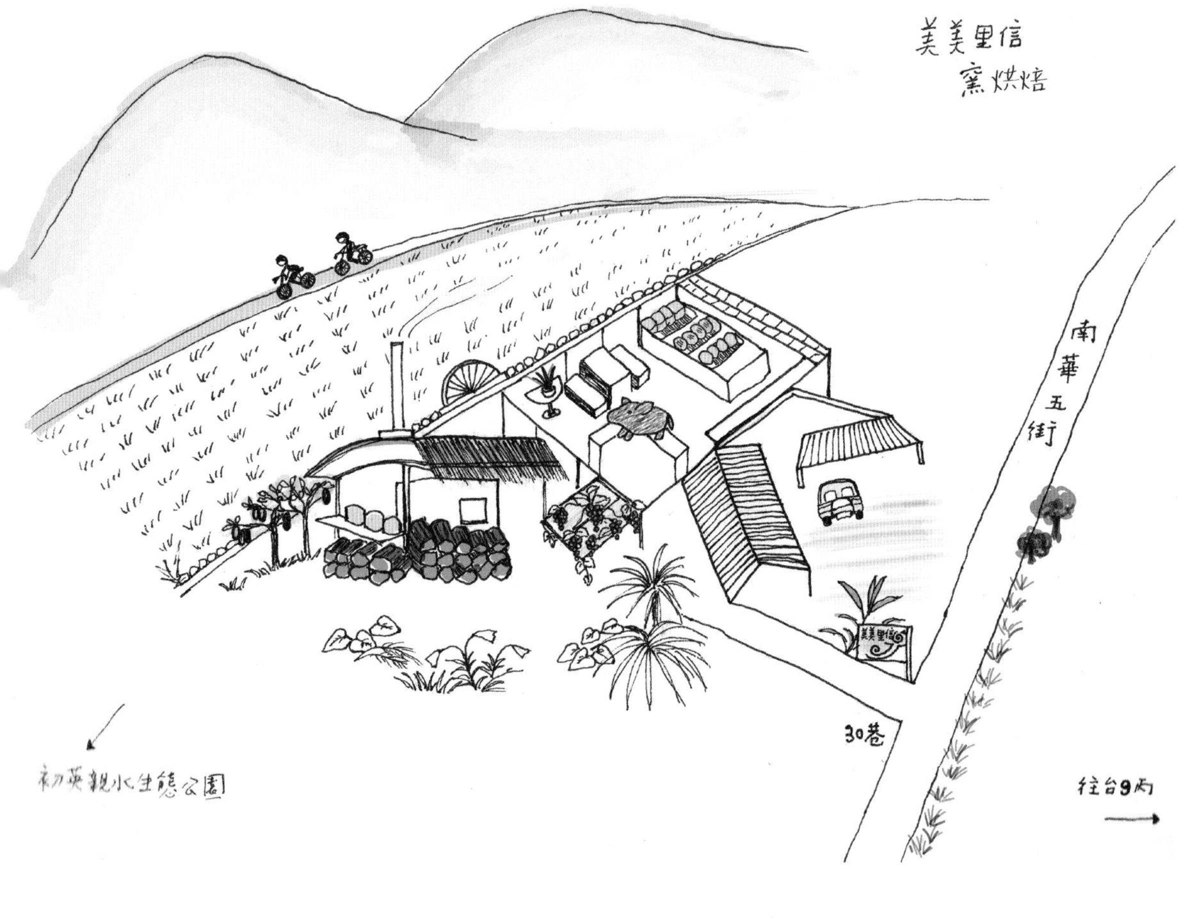

老闆的一天

06:30-08:00	阿賢燒窯
08:00-13:00	里信製作麵團、發酵、整型、進窯
13:00-17:30	陸續出爐，預購取貨、宅配寄送，部分現場銷售
17:30-18:00	店休收拾，預購晚點取的麵包放在窯旁邊桌上，讓客人自助處理
18:00-22:00	晚餐，與家人相處、看書等
22:00-23:00	盥洗，休息

經營支援系統

1. 人力：老闆二人、家人二人
2. 裝潢：老闆爸爸
3. 設備：麵包窯__老闆爸爸
   材薪__老闆爸爸
   瓶罐__瑞豐行
   包材__高雄百分百文具行、卡之屋快速印刷
4. 原料：內餡__自家種植製作
   茶葉__富源茶葉山莊
   各式乾果__好市多新竹店
   麵粉__本居立
   奶油__大麥食品原料行、萬客來烘焙原料行
   牛奶__開元食品花蓮營業所
5. 客源：本地客約 50%、外地客約 50%（以網購宅配為主）

沒有開始也沒有結束的手作能量

偶在工房

文字——張美保

我，認定自己是一個手作的人；連「職人」這個名稱，也還不算，畢竟職人是一輩子投入一種專業啊！硬要說的話，算是打零工的。老實說，人家說我是藝術家，自己會覺得很羞赧。關於手作這件事情，是沒有開始也沒有結束的。——林淑鈴

14
縱谷線

在吉安緊鄰大馬路的旁邊小巷內，依著地址定睛看，植叢後頭有一間小房子，牆外爬著爬牆虎和葡萄藤，「買這房子的時候只有三面牆壁半片屋頂，屋裡還有一棵樹。」林淑鈴說，那時自己整理屋子，從丈量、放樣、設計規劃、施工，所有能一己之力完成的，全部都自己來，現在六、七年過去，雖然還沒完整實現心中藍圖，但已是個遮風避雨很溫暖又好看的家。

小房子不但是淑鈴徒力修建完成的，裡面裝載了她滿滿的創作能量。進去第一眼是不同朋友贈送的原木切片架成的梯面大方開往閣樓，色彩美麗的日常圍巾冬衣像展覽般沿樓梯把手披掛。閣樓裡也是五彩繽紛，各色布邊繩、打包帶，依著牆面擺放整整齊齊，還可見到創作中的打包帶燈罩半成品，這裡是編織的工作區；另一半空間是寢室，也有整齊的儲藏材料空間。

閣樓下方是生活空間，有廚房、客廳，還有陶工

作區，電窯、釉藥和陶瓷作品都在這裡。樓梯下方層層小抽屜是用來擺出窯的生活陶，可是抽屜很少擺滿，因為熟門熟路的朋友都會打聽好淑鈴出窯時間，或預約、或抓準了時機來，挑選各式繽紛實用的生活陶，也許自用、送禮、收藏、擺賣。

未知的一切都是那麼有趣

淑鈴對於事物，有「對未知的求知慾」結合「將想像實作」的實踐力。比如小學四年級時就對裁縫師媽媽的裁縫車好奇：到底線是怎麼從下面到上面的呢？進而向媽媽學習了裁縫車的使用，和同學一起做洋娃娃做衣服；國中因為家政比賽熟讀了整本家政課本，驚訝裡頭豐富的各種知識，後來念銘傳時順從自己的志願選設計科系，「因為畫畫成了作業，爸媽就再也不能要求我先念書再畫畫。」淑鈴覺得很得意地笑了。

畢業後開始從事設計相關工作，每次更換工作是因

為實在無法抵擋對事物的好奇。為了想了解插花而找花店的工作；為了熱愛潛水，想一直待在大海裡，當過水族館的潛水員，為此研讀了非常多海洋生物知識；被傳統布袋戲偶的豐富內蘊吸引，成為彰藝坊設計師，自此投入不輟至今，創作相關作品曾在法國和墨西哥的博物館展出。「如果我想學會一個什麼，我不會去上課或參加才藝班，會直接去做那個工作就好，可以賺薪水，又可以學到真正的內容。」

不是因為我會，是因為我想

「整理房子，這麼好玩的事情我為什麼不自己做？把請人的工錢拿去買工具，既能做為玩樂與學習，還獲得可以使用一、二十年的工具。就是這樣的想法開始的，我想要什麼就自己去做什麼。」

淑鈴曾經在台北自家陽台做創作陶，窯和土都塞在陽台，二〇〇四年從台北搬到平溪，自力整修平溪

老房子，做生活陶、開店賣作品，過了幾年穩定日子。後來她想，「再這樣過下去的話，大概也就是這樣，所以我想趁還有體力的時候，要再到另一個地方過日子。因為很多時候你去旅遊，只看到那美好的浮面，但其實你要去過日子，才知道那個地方是什麼樣的狀態。」

淑鈴分享的歷程不只是好奇，「會有很多不同的價值觀衝撞自己，讓你見到自己自以為是的那一面，這過程或許痛苦，但因痛苦而反省深刻，同時讓心靈更開闊，你會得到自由。所以我很想趁自己還有體力的時候，再搬一次家。」二〇〇九年買下這國有財產局所有地上的老舊小房子，將所有家當設備都搬來花蓮。

「我根本不知道來花蓮會做什麼？除了開店以外的都可以，弄房子也是一種創作呀！」淑鈴一邊緩慢地修建房子，一邊參與在地像大王菜鋪子包菜、中研院考古隊挖掘等有趣的事情。一開始還沒想要繼

續做陶，打包的窯三四年都沒有通電。淑鈴只想先完成自己的房子，用自己的步調，配合自己的心情。後來是朋友一次買光了淑鈴從平溪搬來花蓮的舊陶作，又想要燒自己房子要使用的地磚，才又開始燒起陶來。

花蓮的陽光明亮，陶也跟著亮了

「某些時候我會想去做某些創作，是想讓人看到它有這麼美，就把它做出來。過程中，過去的某些美感經驗就會自然的表達出來。比如過去我在海底潛水看到生命的多樣性，那個曲線可能影響我了，但不是直接表達出那個曲線，而是把已經內化成為我自己的東西，再選擇呈現出來。」

說到創作，她覺得環境對「生活陶」的影響很即時性，例如在平溪的陶用色較深，花蓮的光線明亮強烈，用色就多彩明亮。淑鈴分析了花蓮的獨特，也看見了變化的必然性，「在不同的環境，同樣的慣

用元素也會自然調整。同樣是水的意象，在平溪和花蓮就不同。」至於「創作陶」，那完全是個人滿足、或是設定去給人看的，比較像是要傳達她對美的思考，花蓮對淑鈴創作陶的影響不大，那仍然是她內心的思索。

「花蓮有大山大川和很多磁性相同的朋友，創作的素材是順應環境取自大地或回收場，需要的設備或陌生的創作方式就和朋友借工具與學習，大家互相交流、交換，不虞匱乏。」

所有安排都是最好的安排

在經濟上，淑鈴不擔心還沒有發生的事情，不看它有什麼好或不好，而是看它有什麼危機與轉機。淑鈴用人類演化來生動比喻自己的人生走向，「人類的進程從採集、狩獵，進入農耕時代，覺得自己恰巧顛倒。當我還在領薪水時是農夫，只要乖乖上班，下個月就會有薪水，沒事還可以出國玩；當我在平

溪時體驗到是獵人是漁夫，捕魚打獵不保證一定有收穫，但不出去肯定沒收穫，相信人是天生土養，只要做好當前的工作，之後什麼事情都會安排好的；後來到花蓮進入採集時代，不會預設走哪條路採集，而是走到哪遇到什麼就做。」淑鈴在花蓮從沒有去想推廣作品這件事情，只是碰到想做的事就去做，然後做好的事就像一顆球丟出去了，自己會越滾越大。

比如二〇一七年工作滿檔，但都是需要被核銷的經費，所以忙到年底時，才發現自己隔了一年才有收入進帳，「我驚訝的不是沒有錢，我驚訝的是沒有恐慌，我進化了。」住花蓮近一兩年早上起來是想，「今天，有什麼事情一定要完成。」有能力就去做，不去預設會有什麼樣的收入與回饋。

「如果還有體力，還真想再搬一次家。現在覺得比較可行的是，去某個地方短期住一陣子，但，做陶的這些都可以不用搬，家不搬了，人搬就好了。」雖然對現在的生活內心很篤定，但她體內旺盛的自由探索基因，始終不停想要嘗試新世界。

職人條件

1. 人格特質

清楚自己：怎樣的生活能使自己快樂。

把自己當做人類學家：去觀察環境，然後融入。

2. 基本配備

有手作的能力。

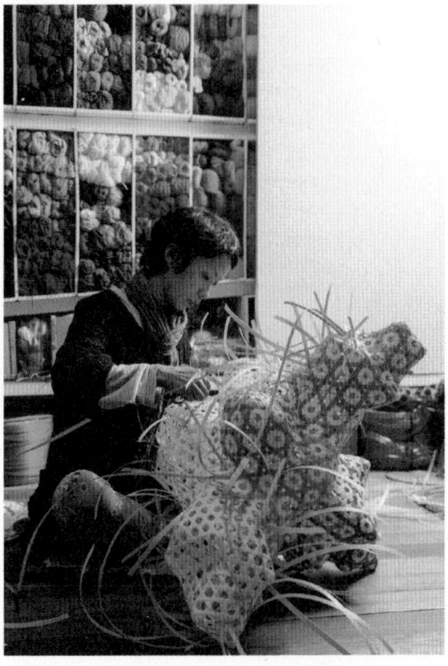

偶在工房

2013 年開業

臉書：偶在工房

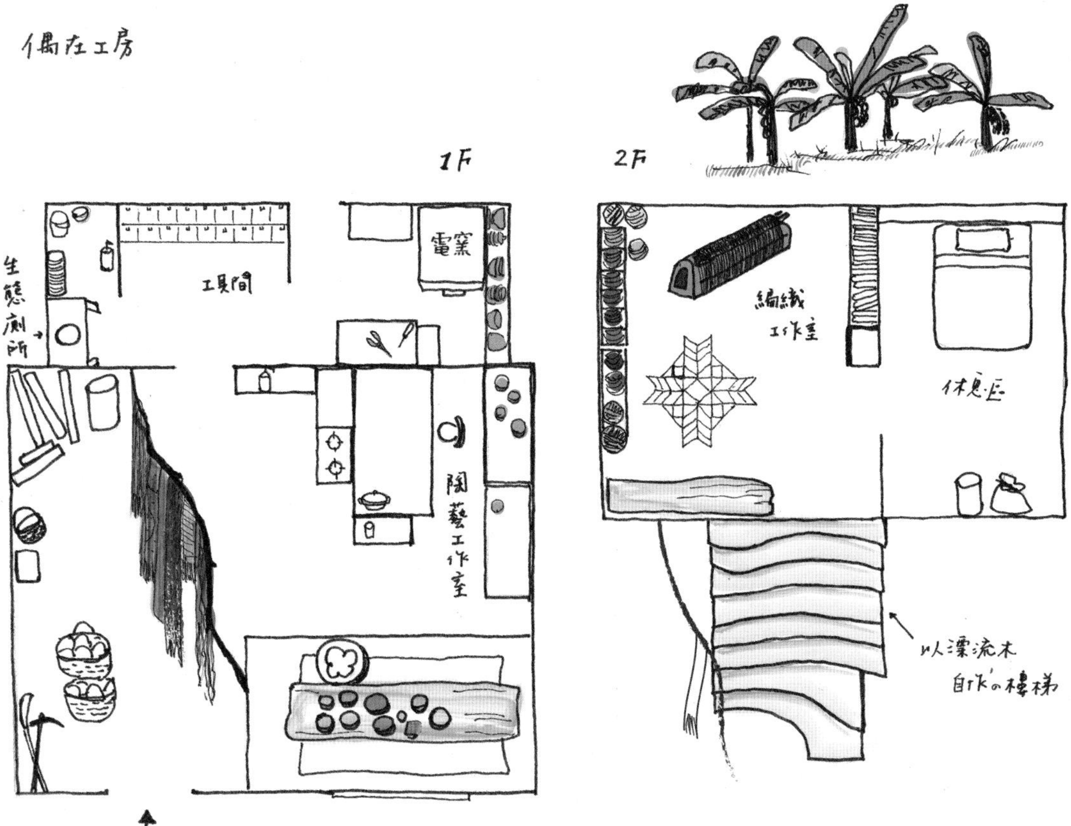

老闆的一天

06:00-10:00	依季節與天光自然醒，作陶、看書、寫想法
10:00-10:30	早午餐
10:30-14:00	工作到肚子餓（做木工或陶）
14:00-15:30	喝下午茶，有時睡午覺
15:30-19:00	工作（做木工或陶或編織等）
19:00-20:00	晚餐
20:00-22:00	換做不使用機具不動腦的工作，睡眠前的收心
22:00-23:00	盥洗，休息

經營支援系統

1. 人力：老闆一人
2. 設備：陶器__電窯、空壓機（從平溪帶來）
木工__圓鋸機、各式釘槍、電動刨刀、鋸台、修邊機、插電與充電電鑽（從平溪帶來、朋友借）
木料__（在地鋸木廠、朋友提供）、金屬料（在地廢五金工廠）
編織__地機、織布工具一組（自己做），打包帶、布邊繩等材料（台灣各地包裝材料行、工廠收集）
3. 客源：本地客約70%、外地客約30%

從巴拿馬到花蓮，還是要做農夫

禾亮家

文字——林靜怡

每當有客人問，你們怎麼種這麼多不同的東西？
我總會回答，田裡本來就要種很多東西啊！
如果不耕種，我要做什麼呢？
邊走邊看，做不下去再想辦法。——黃嘉襄

15

縱谷線

嘉襄回憶高職撕榜單的那一天，「那時候我走得很慢很慢，前面的同學都跑去撕下電子科和機械科，最後只剩下餐飲科和園藝科，其實也忘記當初為何選擇園藝，但就一路走在這條路上直到現在。」

畢業之後，他在哥斯大黎加當了二年的農耕替代役，也認識了當時在海外擔任志工的靖雯。嘉襄退伍後期待成家，努力在台工作兩三年後，二〇〇八年順利考上海外農業技士，期間與靖雯結婚，並一同遠赴巴拿馬工作，二個孩子丞遠與禾亮也在那裡相繼出生。

嘉襄的工作主要是培育種植經濟價值高的溫室蘭花，大部份的時間都待在溫室和辦公室裡吹冷氣、看資料。儘管待遇很優渥，但他明白，在貧富差距頗大的巴拿馬，有很多人難以溫飽根本不可能消費得起，當地氣候也不適合，只因政策必須進行。同時看到其他台灣同仁的孩子不會說中文，海外生活五年了，他擔心母語也會消失在自己孩子的生活裡。種種問題，讓嘉襄覺得繼續工作下去，少了能

說服自己的意義。

家人是最重要的行李

二〇一三年一家人決定回台灣，嘉襄在學生時代來過花蓮，印象中人很少、氣候適中，因此夫妻倆沒有多想就選了花蓮落腳。在完全沒有人脈的情況下只能找仲介，一天之內就租下在後站的公寓，一邊再慢慢找更合適的住所。

靖雯說：「那時最大的行李就是二個小孩了！」住的地方安頓好後，接下來的任務是找尋耕地，但遠比想像的艱難，整整找了半年找不到。買屋更難，花蓮地價漲幅之大，以他們當時的經濟狀況很多都買不起，直到二〇一四年認識在地熱心的朋友，協助在臉書詢問網路社群，馬上就有了租屋的回應，地點在吉安鄉靠山人少，嘉襄很喜歡，便簽約了！接著夫妻倆繼續在家附近找到耕地，而這前後也經過了將近一年。

第一次收成，禾亮家成立

嘉襄在耕地上首次種植的作物是玉米，收成的那一天，嘉襄載著半卡車回家，靖雯被眼前的場景震懾住了，原來收成量這麼大！二人一時間也不知道這些堆積如山的玉米該何去何從，於是嘉襄騎著機車載二袋玉米到傳統市場，並立一個手寫招牌準備開賣。生性內向的他不擅於招呼客人，在人來人往的市場裡站了一個多小時，結果一個客人都沒有。

這個經驗讓靖雯確認，這位喜歡在田裡工作的老公，對於加工與行銷等事務一竅不通。「農作物收成之後要賣去哪？如果傳統市場不是我們的市場，那市場在哪裡？」有了這次賣玉米的經驗，靖雯投入協助嘉襄的工作，在網路上販賣新鮮香草、茶包、香料等，也陸續在花蓮的幾個市集銷售平台擺攤，但使用香草、詢問的人不多。為了生活所需，嘉襄開始種米，成為最多人詢問、也一直有人購買的商品。在不斷努力與大家口耳相傳的幫助下，禾

亮家終於慢慢地建立起固定的客源和朋友圈。

適應再適應

嘉襄幾乎整天都在田裡工作，處理加工和銷售的事全倚賴靖雯，兩人經常為此爭吵而彼此磨耗。「你要不要去找一個人幫忙，我去外面另外找工作，這樣角色會比較清楚。」靖雯說：「大家可能覺得我很支持他，但其實並沒有。就是因為他想來，我沒辦法擋，那時願意來是因為對孩子來說應該是一個好的環境，但是後來發現並非如此，因為有太多不確定、不安的壓力，一不小心就會把這些情緒放在孩子身上。」靖雯看到這些真實，是因為孩子。

來花蓮半年多時，她問兒子丞遠，喜歡住花蓮嗎？丞遠回答，「不喜歡，因為媽媽來花蓮變很兇。」靖雯這才意識到，心裡的焦慮不自覺影響了小孩，於是她靜下心來回顧，其實嘉襄在這返台生活的過程中，也承受了龐大壓力。試著去了解對方的處境

後，兩人在分工與溝通上才逐漸順暢。

走進香草世界

嘉襄常拿各種香草種籽給靖雯看，「妳看這多漂亮！」絕大多數時候，靖雯其實是看不太出來哪裡漂亮？也曾經問過嘉襄，高中就喜歡香草、大學論文也是香草，現在工作還是選擇香草，這份堅持的信念是從哪裡來？不擅言辭的嘉襄從沒正式回應，幾次下來靖雯拼湊出的不外乎：種籽很漂亮、株型很多變、氣味很豐富。

然而從嘉襄種什麼、她就賣什麼的過程中，靖雯自己有感受到香草世界真是非常豐盛啊！例如：羅勒類就有二、三十種。在料理中，只要使用適當的香料，可以在視覺上、味覺上加值，提升食物色香味。

漸漸地靖雯也穿起雨鞋、捲起袖子走到田裡，細細地觀察，有稻米、水果、蔬菜，最多的是香草們。

靖雯明白了嘉襄「種很多東西」背後雖然有著對於生態多樣性的堅持，但決定選擇單價高的香草類作為主要作物的原因，是維持家庭經濟。租用農地不穩定性高，諸如果樹這種需多年照顧、需較多農機具的都不適宜，然而香草主要條件是人力照顧，這正是嘉襄累積多年的實力，種植香草非單純浪漫而已。

由於不使用農藥肥料，香草花費人力多產量卻少，無法進入一般市場，除了網路銷售，就是在市集擺攤、花蓮使用無農藥食材的店家購買、或是提供寄售平台，無刻意地形成了某種程度「花蓮限定」的狀態。

田裡什麼都有，歡迎來體驗

「花蓮限定」是缺點，也可能是往好方向發展的機會。讓人們親自到田間體驗，接觸明白良善農業的可貴，還可貼補收入。

禾亮家剛到花蓮，兩人就明白務農可能無法支撐生活所需的經濟開銷，他們把家中二個房間整裡好想做民宿，卻沒有積極推廣。靖雯說：「覺得自己不擅長做生意，如果動機只是為了賺錢，居然會感到不好意思。」直到朋友們常帶孩子來田裡玩說獲益很大、很有意義。她鼓起勇氣嘗試性地帶農事體驗、接待客人住宿。

自己的住家外也有種植，就是一個微型的「農家示範」，住宿客人除了去田裡體驗，在這裡跟著靖雯

可以看到採集、烘焙、包裝商品的過程，然後一起在家喝花草茶。這些靖雯的日常，卻得到客人很多正面回饋，她感受到朋友說的意義，在心裡也稍有了踏實的力量。

隨著土地政策與價格逐年上漲，承租的農地隨時可能會被收回。他們也做好了心理準備，確定唯一不會改變的是對家的責任感與對農業的熱情，禾亮家期望能不斷地在土地上耕種下去。

職人條件

1. 人格特質

開放積極：移居到新環境需要開放的心才能更快認識新的人、適應新環境。

喜愛（香草）植物：因為喜愛才會認真栽種用心照顧，在過程中不斷地發掘樂趣，成就持續的動力。

持續學習、動手實驗：從耕種到採收、包裝、銷售等，每一環都是專業學問，只能不間斷地學習嘗試。

樂觀：不輕言放棄。

2. 基本配備

農務技術：基本的耕作技術和對作物的認識了解。

禾亮家

2015 年開業

地址：吉安鄉南華村山下四街 10 巷 3 號

電話：0975-377615

臉書：禾亮家香草創意坊。Pura Vida Herbs

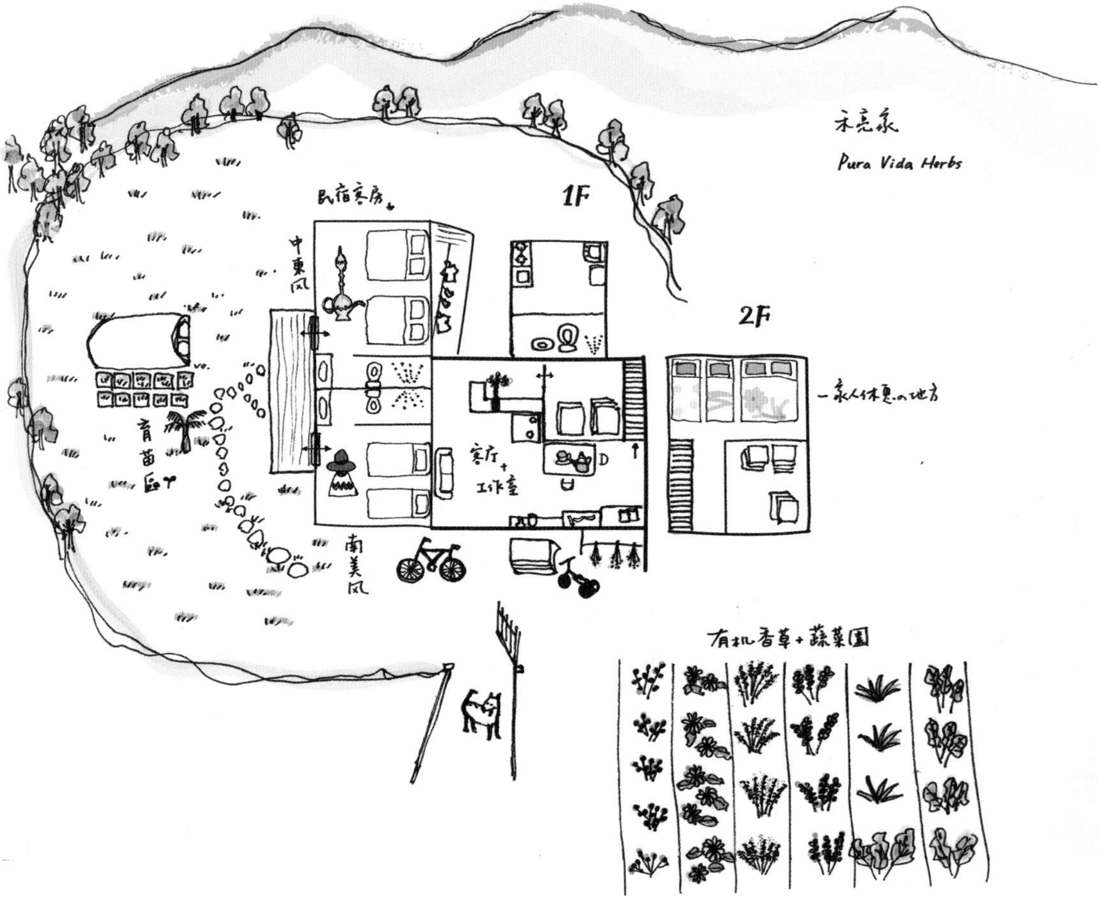

老闆的一天

04:00-06:30	嘉襄去田裡工作
06:30-08:00	嘉襄回家與孩子早餐，靖雯送小孩上學
08:00-11:00	嘉襄去田裡工作，靖雯採買做家事
11:00-14:00	嘉襄回家與靖雯午餐，休息
14:00-18:00	嘉襄去田裡工作，靖雯處理包裝、出貨等工作
18:00-22:30	接小孩晚餐，陪孩子時間
22:30-23:30	盥洗，休息

經營支援系統

1. 人力：老闆二人
2. 場地：租賃的農地
3. 設備：烘乾加工__煌崗包裝（大量）、自家烘乾（少量）
   簡單農機具
4. 原料：香草種苗__（80% 自行育苗，20% 買苗）黃裕泰種子行、農友種苗、農莊花卉園藝中心、花園城堡園藝資材倉庫
5. 客源：本地客約 20%（市集擺攤與在地店家）、外地客約 80%（網路銷售）

貼心女生愛地球

糖，來了

文字——梁皓怡

因為對我們來說，工作與生活好像不需要分開，
煮煮飯就去車一車，偶爾也會車門簾送給鄰居。
我非常喜歡待在家裡，
在家工作最重要的一點，就是可以隨時唱歌跳舞，
站著翻布時就跟著音樂跳舞。——方小糖

16
縱谷線

方小糖大學畢業後至少做過五份工作，每一份都有熱情，實際工作後感覺無法貼近想要的生活，每天醒來就會自問，「這份工作跟我有什麼關係？跟想要給予社會的有什麼關係？」小糖說，自己無法因為賺錢就去上班，都得仰賴當時想像的熱情才有辦法支持下去。

努力朝想像的生活靠近

她曾在實踐大學服裝設計系的短期班研習，身邊的同學們都立志當設計師，只有她愛極了「製作」這件事。當時心中想像的工作，是從事喜愛的手工布製品生產，還要能兼顧友善環境、達成社會平等。

二〇一三年曾到花蓮短住九個月，「布布貼心」的主人邱怡華正在找人代工布衛生棉，「那時聽了好像被電到一樣，原來真有一份可以做布製品，同時又對社會有貢獻的工作。」小糖說，怡華看她車得起勁，不斷鼓勵小糖建立品牌，甚至把工具版型

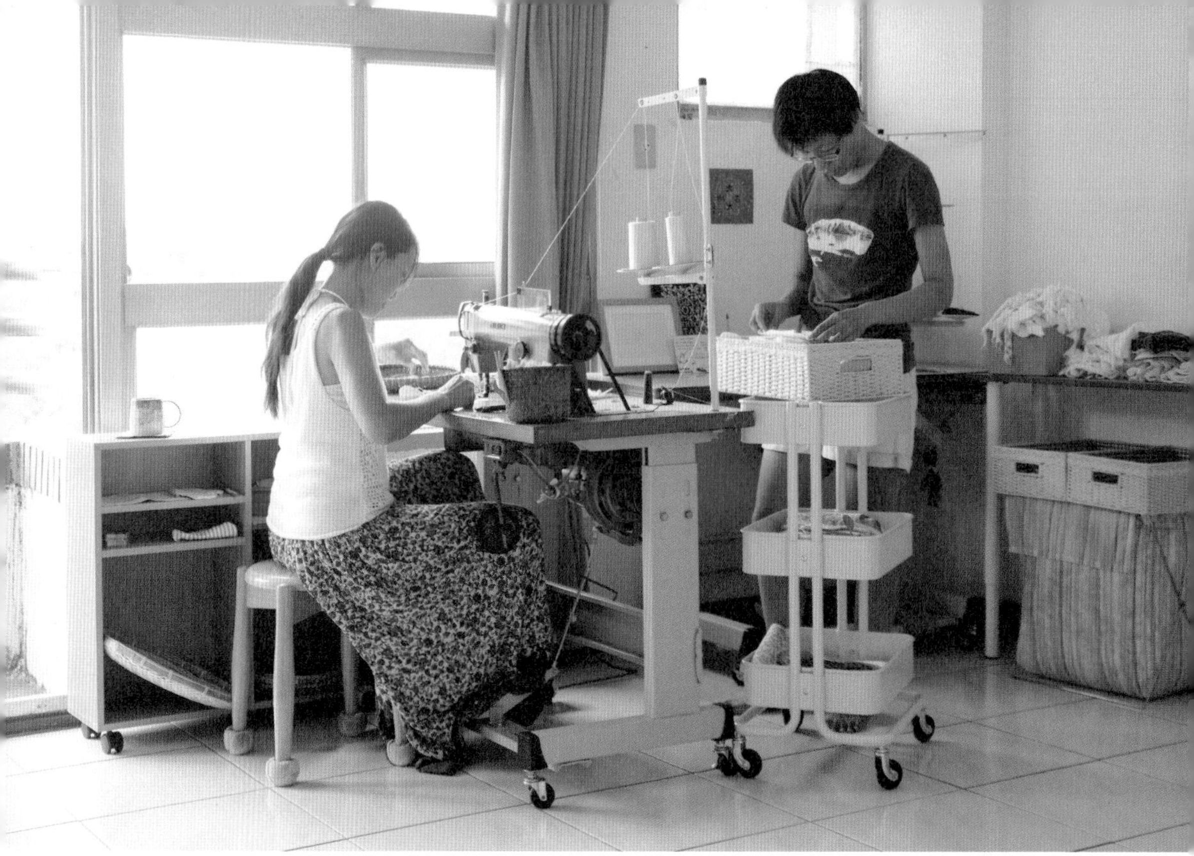

都掏出來傳授。「我完全沒有想過這個工作，也可以成為一種生存方式，好不可思議，就像我在實踐上課時想的，竟然能如此靠近自己想像的生活！於是，就這樣開始了。」

先來立品牌，再來想經營

「糖，來了」在花蓮短住期間悄悄地萌芽，二〇一四年回到台北後，一邊打工、一邊在孵育著布衛生棉品牌的夢想種子。二〇一五年小糖決定專心經營布衛生棉，「要經營就要去算成本，第一次進大批的布，覺得好辛苦，戶頭好空，還要想辦法生好幾萬元去買布。終於知道養小孩是什麼感覺，我再苦都要想辦法生出來。」

創業的第一年在市集擺攤與店家寄售，第二年網路商店推出，沒想到上市一個月訂單量旋即暴增，目前已超過營業額一半以上。看見網路銷售的持穩，這時候，才開始覺得有能力可以養活自己了，讓她

出現了搬家的念頭，要去住在自己想住的地方。花蓮的大自然，還有社區的生活方式，就像一座熟悉的小村子，所以小糖決定回來了。

用車剪的哲學來檢視生活

身為伴侶與事業夥伴的小糖和古咕咕（古國萱），因為想要隨時能欣賞窗外鯉魚山的美景，所以搬來花蓮第一個月乾脆都睡在面山的工作室。比起住在台北公寓只能窩在地板剪布，花蓮的新家有更多空間存放材料，可以大力翻開美麗的花布、跟著擺動起舞。

每天一樣的車縫工作不無聊嗎？小糖說實際上並不是這樣的，「車縫可以拆解成好幾個部分，我在裡面尋找變化與平衡。」例如車縫時速度很快，腦筋也一直在動，邊戴著耳機講電話聯絡各種事情，還可以想著下一步要幹什麼？剪布又完全不一樣了，像禪修打坐需要安靜，重複節奏：把布

打開、把布剪完。

生活也依照這樣的態度尋求變化與平衡。有一天古咕咕突然說：「我發現，晚上要『下班』耶！需要放鬆做自己。」不能背離原本想要的生活，於是小糖在網路商店公告，下單後要等一個月的出貨時間。一天只出兩張單的工作量，自訂時間到了就下班，六日休息。

用公平誠實來面對管理

訂單持續成長，小糖決定要找社區媽媽車縫代工。「我不想匆忙找到人代工，盡速出貨，馬上轉成公司的運作模式。」所以她遇到適合的人選時，也絕非先問車工如何？一天工資多少？「找社區媽媽是因為，想要與生產者的生活接近，我知道她是怎樣生活，她也知道我的；也會知道我們是為什麼而努力？這份工作能否讓生產者認同，貼近想像中的生活？而不是找她來代替我的勞力，消

化做不完的工作。」

她認為生產者、經營者不是站在勞資的兩端立場。她察覺到將帳目配比攤開在合作夥伴面前，自己就開心坦然了，「因為沒有違背一開始的友善環境與社會公平的初衷。」

目前車縫、網路行銷都有夥伴加入分擔，連同小糖、古咕咕，共有五位工作人員。一樣不會盲目的接單，評估接單量的標準，是要讓夥伴們有優質合理的收入、同時保有理想節奏的生活。照顧好工作夥伴，也符合了創業的初衷。

專心做，對女生對地球都好的商品

一至三樓的空間，工作與生活是這樣安排的。早上早餐、運動，打掃乾淨就開工。下午社區媽媽在一樓做縫釦子等工作、小糖在二樓車縫。古咕咕是負責又多功能的總監工，兩層樓工作的最佳協力，

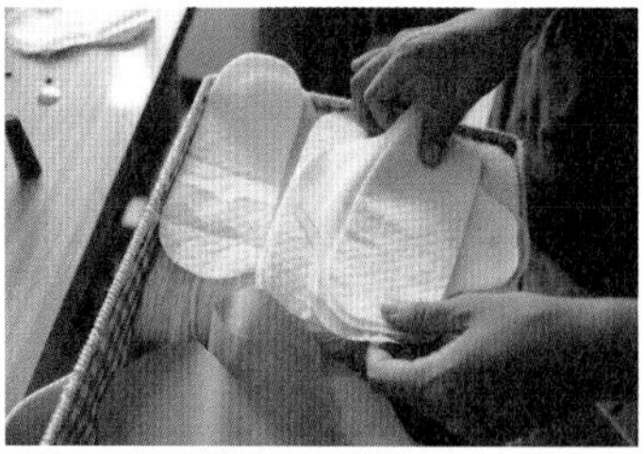

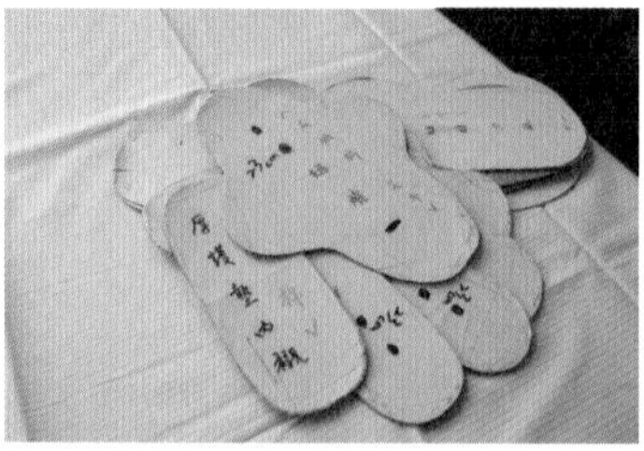

工作完成後要安排配貨寄送，還要準備上下午兩個時段的點心。天氣好時小糖與古咕咕會一起到三樓曬棉布、或試做新商品。因應社區媽媽與朋友的需求，也設計其他布商品，例如：溫暖肚子的紅豆暖暖包、小孩的尿布墊等。

夥伴增加後，原本一樓工作空間稍嫌侷促，於是把部分工作移到社區好鄰居的住家一樓進行。小糖覺得目前這樣安排滿好的，偶爾從鄰居家收工回到自己家，有一種真正下班放鬆的感覺。

人力與空間調整後，小糖與古咕咕還想研究如何把推廣做得更好。例如：布衛生棉的清潔非常需要講解，她會影像剪接，古咕咕是剪紙藝術家，一起製作動畫。未來他們更希望可以種食材、種染材，讓工作與生活面更加貼合，商品特質就不會與心念分開了。

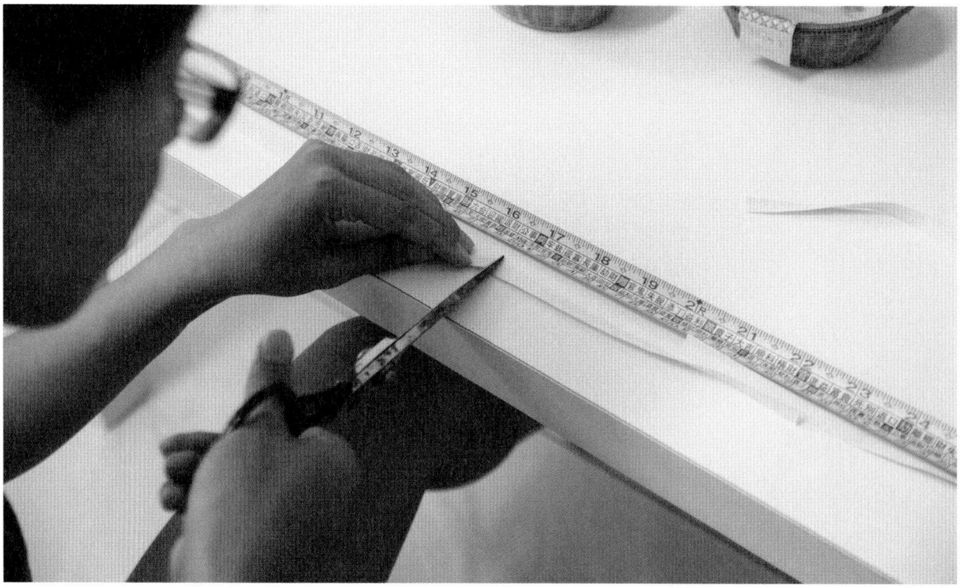

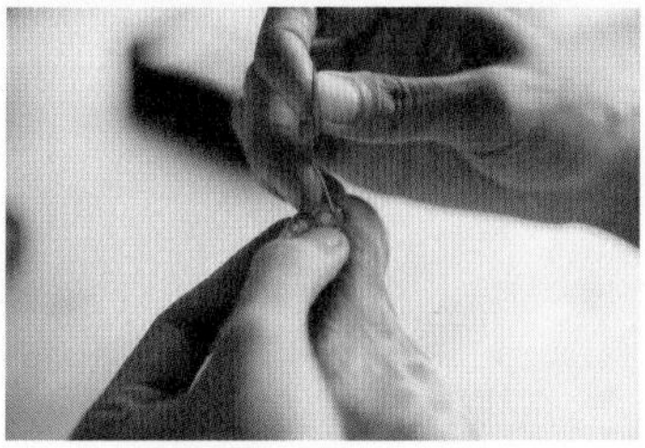

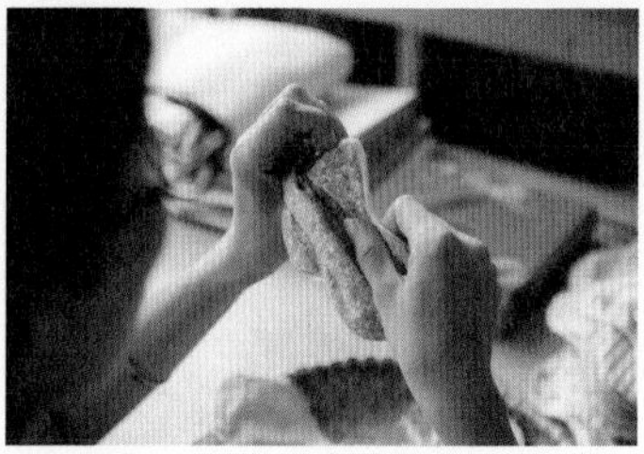

● 職人條件

1. 人格特質

決斷力：處理事情條理分明，決定事情明快果決。

不怕錯：例如把買錯的布用在對的地方（車縫窗簾送鄰居），開心上工、沒有負擔。

同理心：熱衷於傾聽消費者的需求。

2. 基本配備

裁縫能力：精準的基本車縫技術。

選布能力：熟悉布品特質，養成對布織品的敏感度與品味。

研發能力：針對消費者的需求設計、測試者的回應調整改良。

糖，來了

2014 年開業

網路商店：www.shop2000.com.tw/ 糖來了

臉書：糖，來了

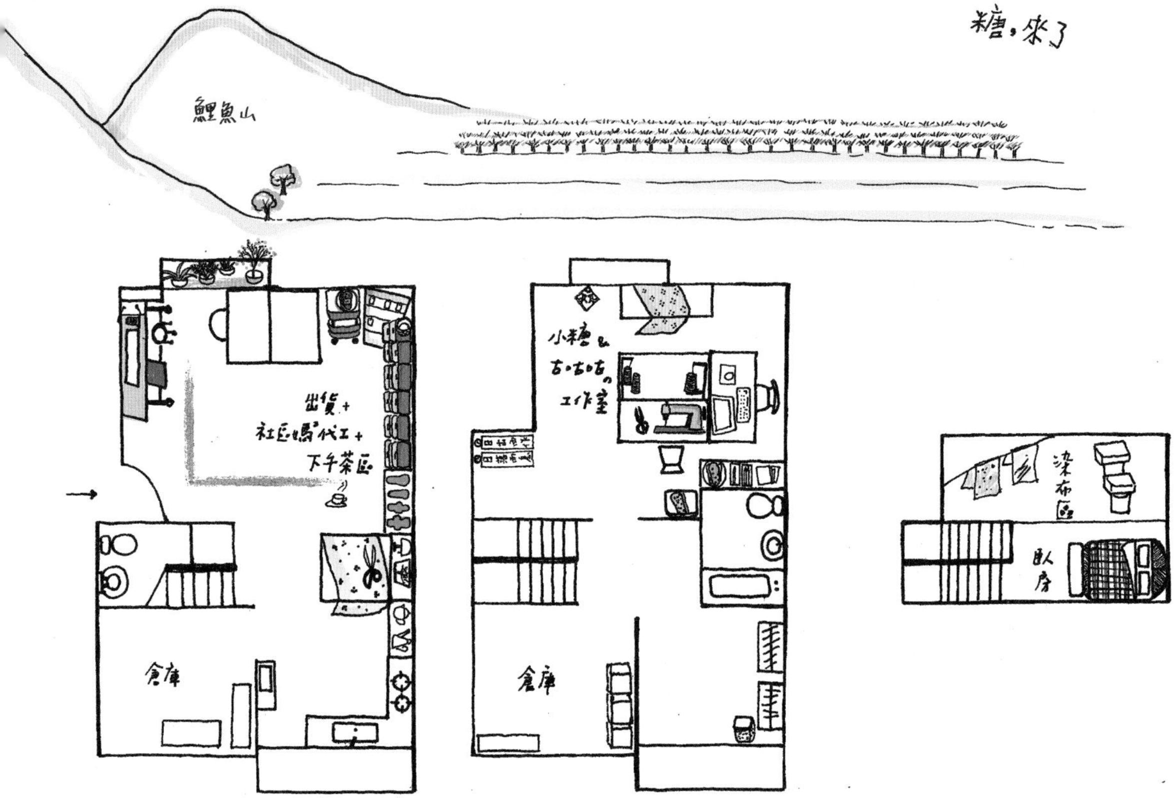

老闆的一天

06:30-08:00	起床、吃早餐、打掃乾淨才上工
08:00-09:00	小糖查看訂單、古咕咕安排配貨流程
09:00-12:00	車縫工作
10:00-10:30	很重要的點心時間
12:00-14:00	吃中餐、休息
14:00-17:30	社區媽媽來工作
15:00-15:30	很重要的點心時間
16:30-17:00	出門寄貨
17:30-19:00	下班，吃晚餐
19:00-20:30	一樓只留一盞昏黃小燈，看書或看電影
20:30-21:00	盥洗，休息

經營支援系統

1. 人力：老闆一人、夥伴四人
2. 設備：專業車縫機＿購買二手物
   布料＿有機棉布（治綠、綠天下）、印花布（永樂市場、日本旅遊兼採買）、美國進口純棉鋪棉布（花蓮阿華拼布）
   配件＿未染線（允順紗線行）、暗扣與織帶（台北後站鈕釦街，朝陽公園一帶）
3. 客源：本地客約 10%、外地客約 90%（網站約 65%，市集擺攤約 25%）

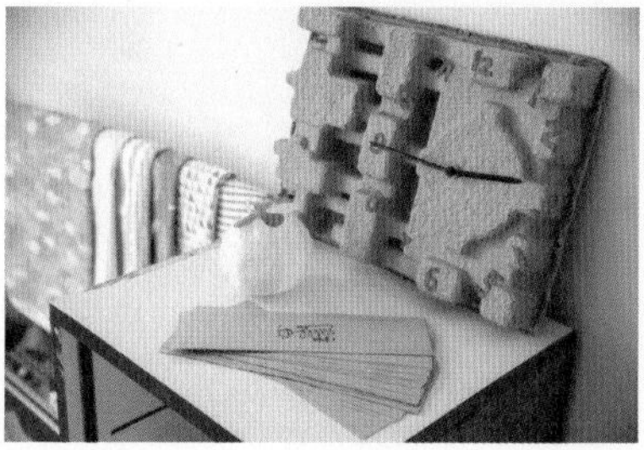

不希望它消失

美好花生

文字——王玉萍

規劃開店時就想好了，
除了花生醬、花生油等商品，還要在門市現場賣花生湯，
提供給旅人在途中吃點甜品休息一下。
其實我只是想傳達「好好煮一碗花生湯」這件過去很家常的事，
而現在已快成為奢侈品。——鍾順龍

17

縱谷線

「美好花生」專售良善種植製作的花生相關產品，從鹹酥花生、花生醬、花生油、花生湯，到即將推出的帶殼花生，正在醞釀豆花、蒸花生……都是過往農村常見食物。雖然鍾順龍與梁郁倫夫妻倆在英國念的是藝術，並沒有汲汲於創新設計，推出的商品都是從生活中擷取，那些可能消失的傳統好手藝。從二〇一六年底開始，旅人行經鳳林時將美好花生列入行程，當可自詡為潮流，因為連過個橋就算遠的花蓮人也會專程去，距離市區要花四十分鐘車程的美好花生，在台北、高雄、花蓮市有寄賣點，網路也能買到，為什麼非要親赴鳳林？用心熬煮的傳統花生湯，成為熟知美好花生的友人們之間樂於傳播的訊息，「去鳳林喝一碗花生湯吧！」如果說只為了一碗花生湯，好像稍微誇張了些。到底是什麼潛藏的驅動力？

傳承靠的是時間累積

二〇〇九年阿龍與郁倫為「傳承媽媽的好手藝」

放棄台北工作的創業故事，關心的人早已耳熟能詳了，直到店面開張，七年間已發生、正進行的事情，逐漸讓這感覺像口號的話語，轉化成顧客的信任，並在家鄉產生漣漪般的效果。

每年夏冬二季花生收成後，在鳳林幾條街上會看見本來快消失的景象，幾位叔伯阿姨坐在家門口，說說笑笑熟練剝花生。「現在約有十到二十位叔伯阿姨們，都在幫忙剝花生。」阿龍也感到開心，「他們現在速度都很快，還會主動來問，還有要剝的嗎？」然而美好花生的產量眼看就要追不上銷售了，但他們並沒有想要改成全部使用機器剝花生。叔伯阿姨手剝花生是兒時熟悉的農村景象，在他們心裡的份量，比銷售量更重要。

現在工作夥伴每週也得花上數天時間，將脫膜後碎裂的花生挑出，才能端出客人們期待的花生湯。夥伴們為了「花生湯要賣多少錢？」跟老闆堅持頗久，「因為老闆只想賣四十元，但根本不符成本，最後

以五十元不用找零對門市工作比較方便，才說服了他。」夥伴搖頭笑笑地說：「阿龍是希望在地學生也吃得起，因為他也曾經是這樣的農村學生。」

絕對不會妥協

阿龍的媽媽，人稱鍾媽媽，二〇〇八年的某一天如往常寄送家鄉食物到台北給三個兒子，然後宣告說，以後沒有炒花生囉！因為她已經炒到手腕受傷。阿龍跟郁倫思考了快一年後辭掉工作，他們想承接的不只是媽媽的炒花生，而是客家村的各種好手藝，一個時代記憶、常民文化的脈絡。回鄉後紀錄出版《自家味》是其中一個成績，他們明白後頭還有更困難的工作，但真的經歷起來實在很辛苦。

首先，鍾媽媽教授炒花生手藝，先向小農契作品質好的九號花生，收成後請街坊鄰居們剝花生。接著炒功來啦！大小顆分開炒，確保每一顆都完整漂亮。郁倫不偷工地全部學起來，費時又費工，卻因

為人們對炒花生是便宜貨的觀感，價格始終無法提高。直到夫妻倆在二〇一〇年成立「美好花生」品牌，開發四種口味的花生醬，二〇一二年業績才整個提升，花生油也接著出現了。

目前的花生產量是一半契作、一半自種，自種部分比一般慣型的安全用藥再減量，為的是在能力範圍內對土地更友善，「在田裡拔雜草時，其他農夫會說，這樣要拔到什麼時候啊？太傻了啦！一些客人則會說，你們為什麼不全部用有機無毒？」阿龍說，這些好心建議聽多了，從心煩到平靜，也越來越清楚美好花生每一個腳步。有機種植目前無法滿足需求量，與小農的契作也不能說停就停，但會希望未來有能力朝向更好的品質，二〇一七年和花蓮農業改良場合作試種有機花生，也是一個新的開始。

宅配團購銷售量佔60%並持續成長中，然而自家零售是在鍾爸爸的農機店裡，客人來去多少影響了爸媽的生活作息，於是阿龍跟郁倫想要搬到附近「成

家立業」。雖然規劃了很久，夫妻倆不時仍感到奇妙，居然真的開了一間店！

「成家」是困難的學習

結婚兩年就搬來花蓮，七年後，孩子生了店也開了。郁倫說：「從回鳳林到現在做的事情，都是從未做過或想過的。」然而不是每一步都篤定正確，從錯誤痛苦中學習的更多。當初抱著自己蓋理想家園的夢想：左邊一棟是住家，裡面有自己的攝影棚與孩子遊戲的空間。右邊一棟是店面，裡有展覽空間，後方是工廠。最後面一棟是倉庫，外圍是田地。從產地到餐桌，能在自己家周圍就完成。

實踐過程卻困難重重，從買地、找設計師、施工監工、裝潢整修，花費無數時間心力，到後來還是發現很多困難，沒經驗的兩人卻從沒想要放棄初衷，不斷請教專業不斷修正，盡量往初衷去努力就是了。第二個孩子出生後，生活更忙碌，家卻變得舒

適了，改變的主要因素不是空間修改，而是家人凝聚在一起的感情。

最美的味道

「說來單純，我們做的就是，花生產品不過度調味。」重點在於品質要維持穩定，阿龍無奈變成了「叨念的老闆」，時時提醒夥伴要顧好生產線的環境清潔、工序流程，因為創業就是為了要把傳統的手藝延續下去，必要做到好品質。

到底有多好？「雲門舞集」林懷民老師有一次吃到美好花生的炒花生後念念不忘，還開玩笑地對工作人員反應，「如果沒有炒花生，今天就不工作了。」雲門為此專程來洽談專屬隨手包，用於致贈或銷售來訪賓客。現在約半個月下單宅配三百份「隨手包」，這是一份感謝喜愛的客製化商品。

最好的花生油，應該是聞起來最香的吧？「我在製

作花生油時，不是追求聞起來最香的烘焙度，雖然那樣更吸引客人購買，但我想要控制在相對較淺的氣味，因為油是『配角』啊！不要反客為主，要襯托出菜的香氣才好吃。」每天在家吃菜的阿龍說得篤定。他們家裡的冰箱通常不會有蔬菜，因為鍾媽媽在門市附近有菜園，每天一家人都會到田裡工作順便採收午晚餐的菜，這種等級的新鮮對都市人根本是奢侈品，對農家子弟來說只是日常。於是製作花生油時判斷什麼是最美的味道，阿龍不是靠想像，是靠誠實的心意。

把自己的理想也放進去

阿龍在台北時接攝影案做創作也在學校教書，郁倫則是藝術基金會專案策展人，都是心目中最理想的工作。回花蓮的頭幾年，朋友偶爾聽到他們說：「要在花生包裝上辦展覽、要在門市辦展覽、要……。」在門市開幕時，郁倫規劃的一年四檔「藝術、攝影、工藝、生活」店中展實踐了。即將推出帶殼花生包裝上有兩款藝術家的作品，每款一萬個賣完便換其他藝術家作品。

現在門市除了賣花生相關商品，也兼賣季節性的生鮮瓜果、醃菜、柴燒果醬、菜瓜布……，都是家人或熟識鄰居拿來寄賣的好手藝。把自己的專長、農村的人與物都放進這裡，是他們的初衷。不追求完美，也不講口號，只是實踐想要的生活。

● 職人條件

1. 人格特質

追求細節、完美：有助於將傳統農產成功轉化，成為被更多人喜愛的商品。

2. 基本配備

務農的經驗：確保產品品質。

美學人文素養：包裝好商品的重要因素。

專業經營能力：將商業資源爭奪轉化為合理友善分配的能力。

美好花生

2010 年開業

地址：鳳林鎮中和路 46-1 號

電話：03-876-1330

臉書：美好花生粉絲團

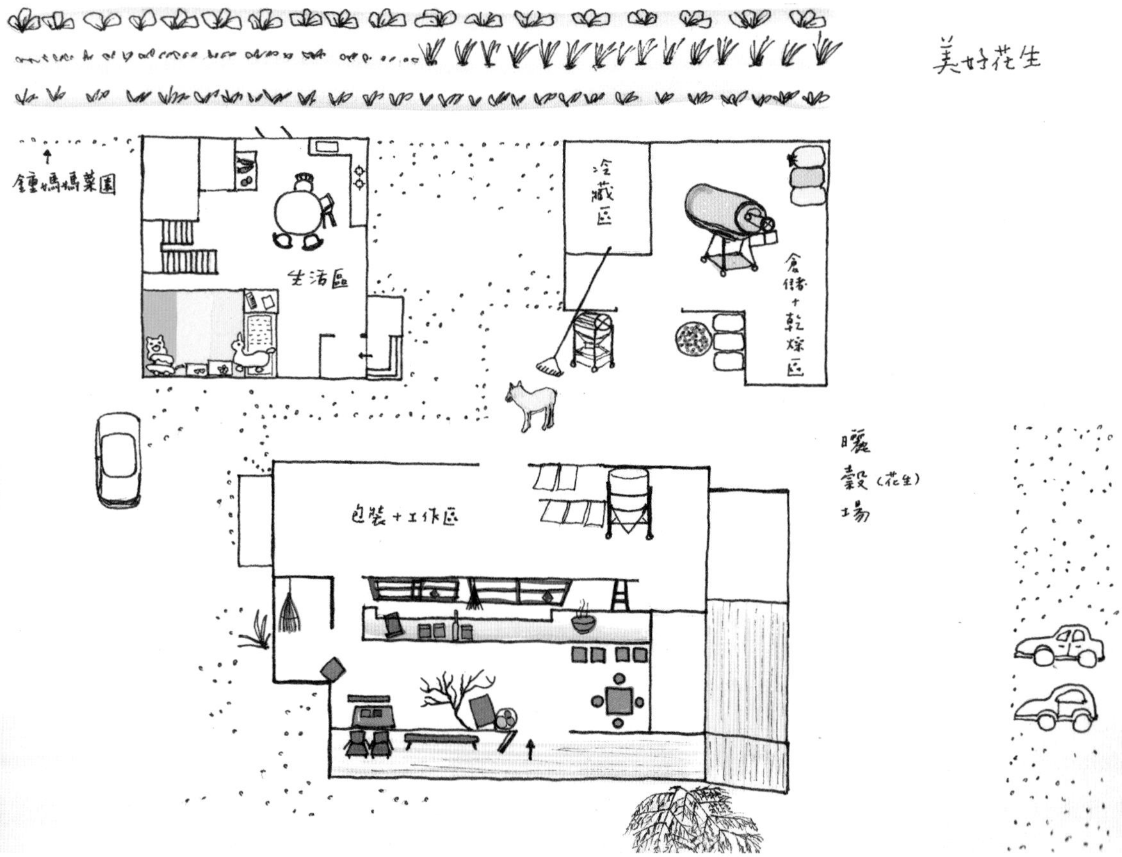

老闆的一天

06:00-08:00	偶爾田間工作
08:00-10:00	早餐，郁倫整理家務，阿龍偶爾出外拍照
10:00-12:00	營業時間，郁倫照顧孩子處理訂單，阿龍協助工廠與門市工作
12:00-14:00	午餐、陪孩子午休
14:00-17:30	營業時間，郁倫照顧孩子處理訂單，阿龍協助工廠與門市工作
17:30-19:00	店休，晚餐
19:00-21:00	郁倫照顧孩子處理訂單，阿龍協調工作
21:00-22:00	盥洗，休息

經營支援系統

1. 人力：	老闆二人、僱六人
2. 裝潢：	外地設計師、花蓮工班
3. 設備：	從一支不到一斤重的鍋鏟，到好幾噸重的重力機械曳引機都有
	老物件__路邊撿拾的老櫥櫃
	桌椅__ IKEA 敦北店、新莊店
4. 原料：	花生__自家種植、花蓮小農契作
	塩__鳳榮地區農會
	糖__台糖光復展售中心
5. 客源：	本地客約 50%、外地客約 50%（假日外地客增多）

轉個彎的風景，或許更迷人

洄遊吧 Fish Bar

文字——黃美娟

僅剩最後買一張機票便可啟程出國留學，

我卻在這時選擇放棄百萬的獎學金，

創立洄遊吧 Fish Bar，也許你會覺得我不是太勇敢、就是太傻……

要不是客戶的質疑，「到底做這些對環境友善的事，可以為我的企業賺多少錢？」

或許我就不會去思考，有沒有可能做對環境友善的事情，同時也可以賺錢自給自足？——黃紋綺

18

海岸線

左：黃美娟（土人），右：黃紋綺（Gigi）

「媽媽，真的很重喔！」參加洄遊吧 Fish Bar「洄遊潮體驗」的小學生，捧著一籃新鮮漁獲。午後的七星潭海岸，定置漁場漁貨送上岸後運到海邊漁市場，參加活動的大人們熱心教小男生如何挑魚。他實在太興奮了，籃子裡的魚越裝越多，還是要捧著排隊等待，完成秤重後付錢的（遊戲）買賣。

對海洋友善可以賺錢嗎？

位於花蓮七星潭的洄遊吧 Fish Bar，創辦人是年輕女生黃紋綺（Gigi）。台北出生的她，高中畢業後選擇了島嶼最南方一個看海的大學，讀鍾愛的海洋相關科系。大學、研究所到研究助理的職場，發展順遂目標也明確，包括那早已規劃好的出國進修。她卻在出國前赫然停駐，眼前沒有分叉路，不往前就必須自己去走出一條未知究竟的路。

要放棄好不容易申請到的留學獎金當然也有掙扎，

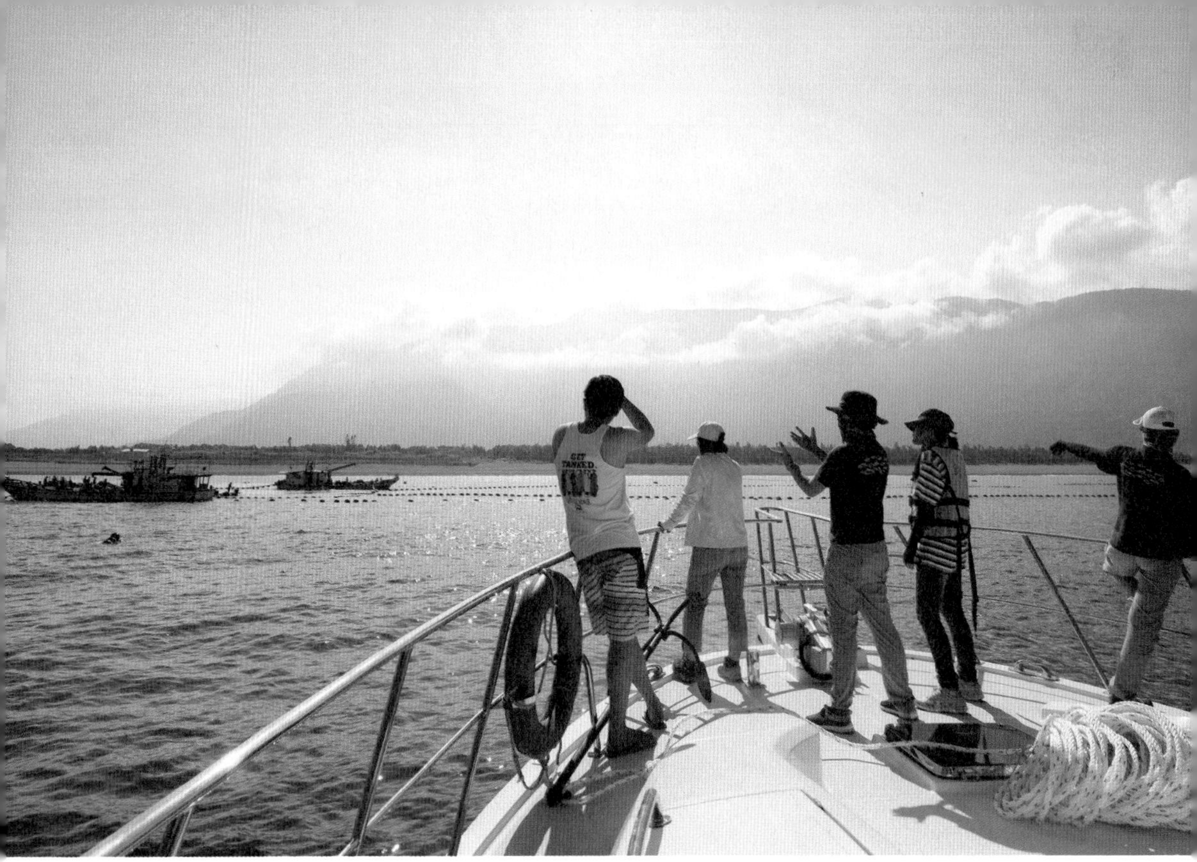

但她細想，「就算出國留學，取得更高的學位，那然後呢？還是必須回到職場。」工作的那段期間，她有機會去不同的國家，發現台灣的海洋環境並沒有比其他國家差。許多的考量之下，她決定從實際的創業中來學習。

辭去得心應手的工作、放棄出國留學，這樣的改變或許不是突然的發想。工作時曾輔導許多公司做海洋環境管理及規劃，客戶的質疑讓她想要證明一個理念、實現一個夢想——證明對環境負責也可以賺錢，實現讓更多人認識漁業和海洋。愈發鮮明的夢想，帶 Gigi 來到島嶼的東方，面對世界最大的海洋，小時候寒暑假就被丟包回花蓮阿公阿嬤家，花蓮家人在七星潭漁場工作，那是她很熟悉的風景。

創業三部曲，從食魚到海洋永續

漁民通常不認為自己的工作有什麼值得被讚賞，但

在Gigi的眼中，家人在漁場勞動的身影一直是最動人的風景，面對海洋資源的日漸匱乏和產業的式微、年少時純淨湛藍的海洋，自己能做些什麼？讓這些動人的畫面可以再次被重視與看見。

她思索著人與海的關聯，最貼近大眾生活的似乎就只剩海鮮，「那就從魚開始吧！」用牠來找回人與海的情感，讓人也如同魚洄游般地再次回到大海母親的懷抱，於是有了「洄遊吧 Fish Bar」。一開始是藉由臉書「洄遊平台」來連結漁人、學術和消費者三方，但真切的情感很難只在抽象的平台上發生。第二階段是舉辦更貼近漁業與海洋的「洄遊潮體驗」活動，讓旅人欣賞海景時也能關注到正在消逝的漁村，這裡獨特的定置漁業，其實是一種對海洋環境相對友善的漁法，接著食魚教育和鮮魚料理 DIY 是精彩壓軸，旅人將深入體驗不一樣的七星潭。

體驗活動雖然成功，收支始終無法平衡，營運初期

申請了計畫做為創業資金，但 Gigi 知道終究必須要有健全的商業模式，於是進入第三階段「洄游鮮撈」——販售永續海鮮漁獲產品。組織的走向也更加明確：藉由「洄遊潮體驗」活動，落實「洄遊鮮撈」和「洄遊平台」，讓參與的旅人看見當地漁業的歷史文化、感謝大海無私地給予、珍惜餐桌上的那尾鮮魚。

「洄遊」落腳處

創業可能發生幸運之事，但辛苦是逃不掉的，初期經營臉書「洄遊平台」，介紹海洋知識是 Gigi 專業，沒有實體空間也能成事，進入第二階段「洄遊潮體驗」活動，除了漁場，還需要有一處室內空間，才能讓活動內容更加豐富與完整，就在多方尋找下，發現表哥的漁場有一個可以容納約四十人的大倉庫，在和他說明「洄遊吧」想做的事和理念之後，獲得了表哥的支持，於是租下了這個漁場旁的空間，從空間的規劃到施工佈置，整整

花了快三個月的時間才完成。

有了這樣完整的活動空間，除了展示出整個七星潭的海洋環境，還有定置漁網的模型，可以讓客人更加了解此種漁法的捕魚原理，更有自己動手做魚料理的工具與設備，讓魚從大海到餐桌的食魚教育更加完備。

至於「洄遊鮮撈」的魚貨，因為希望海洋資源的永續，所以不販售「台灣海鮮選擇指南」中屬於紅燈的魚種，在漁法上也挑選相對友善的定置漁法，所以漁貨主要就是來自於海灣中各家定置漁場所捕獲的鮮魚。

辛苦奮力完成三階段，還有第四階段嗎？當然有。目前又有夥伴加入分擔工作，Gigi 則將心力朝向文創商品開發邁進，「只要是夥伴有專長、並能將永續海洋觀念介紹出去，各種方式我們都想要嘗試。」Gigi 說。

全家出動的友善接待

「其實最初家人是抱著讓我玩玩的心態，覺得最多撐個半年就會放棄，乖乖地再回台北找工作。」Gigi說，家人沒想到她真的做下來了。阿公阿嬤成了重要的精神支柱，需要人手時，舅媽、表兄弟、表姊妹們也全力相助，遠在台北的爸媽常往返花蓮，擔任活動時的雜工兼攝影，而親愛的弟弟更是親手做食魚料理。「第一次活動時，邀請舅舅來解說定置漁網的原理，舅舅還必須喝酒壯膽才能上場……。」家人們時時給予她強有力的支持，如同阿公自創的問候語，「加油吧！洄遊吧！」因為創業成為家族的共同話題，感情更加凝聚。

Gigi是否曾後悔過？「放棄出國念書後，才發現人生沒有再比此時更充實的時候了。」其實她的眼前未曾有路，因為海上只有方向，最初的渴望是指引，她選擇自己掌舵。

● 職人條件

1. 人格特質

熱愛工作：將工作視為生活。

願意分享：喜歡和人互動，分享經驗彼此學習。

善於用人：能看見夥伴的能力，賦予最適合的工作。

勇於嘗試：挑戰新想法，失敗再努力修正。

身段柔軟：能溫柔的堅持。

2. 基本配備

專業知識：對魚、漁業及海洋有一定程度的了解。

全方位略懂：各事業群工作都要參與，要隨時保有可以自己來的最壞打算。

籌備資金：年輕人創業可依建立的商業模式申請適合的計畫，做資金上的協助。

洄遊吧 Fish Bar

2016 年開業

地址：花蓮縣新城鄉海岸路 32 號

電話：0910-443-888

網站：fishbar.com.tw

臉書：洄遊吧 Fish Bar

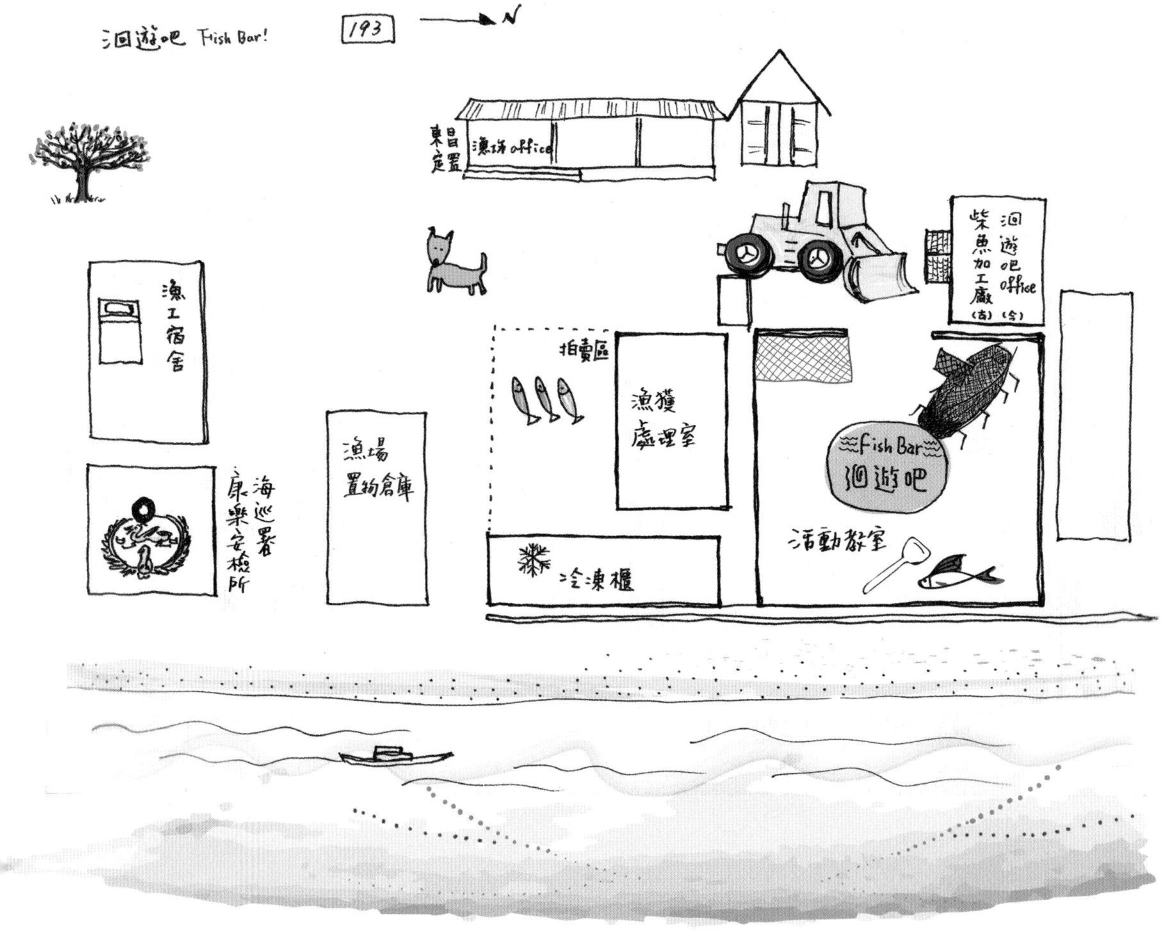

● 老闆的一天

前置作業 ——

體驗教室空間清潔佈置，準備宣傳品及紀念品，購買DIY食材，料理及漁獲準備（洄遊明星鮮魚示範品），與各合作窗口確認活動內容、保險等事宜，依照客人特質調整解說內容，確認天候狀況及漁場作業時間。

「七星潭摸魚趣」活動行程 ——

14:20-14:30	參加者報到集合
14:30-15:00	洄遊暖身—古老漁法大解密
15:00-15:30	洄遊潮流—漁人衝浪秀，七星潭定置漁場起魚SHOW
15:30-16:30	洄遊明星—洄遊明星握手見面會，魚市場買魚體驗，認識當季魚種
16:30-17:00	洄遊吧台—料理DIY，食魚教育及動手料理體驗
17:00-17:30	洄遊品嚐—七星潭當季鮮魚點心品嚐
17:30-18:00	洄遊人群—Q&A

後續作業 ——

收拾場地，檢討活動流程，處理洄遊鮮撈等例行工作。

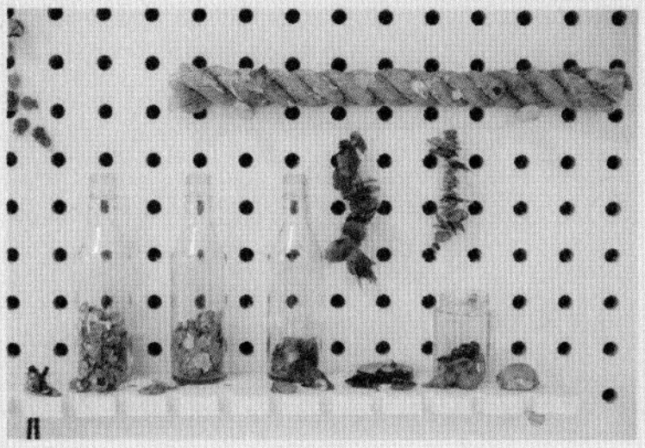

● 經營支援系統

1. 人力：老闆二人、員工二人
2. 行程：「洄遊潮體驗」共分五大系列：七星潭摸魚趣、勇闖海上大迷宮、客製潮體驗、洄遊明星料理廚房、靠腰潮體驗
3. 合作：七星潭嘉豐定置漁場、七星潭東昌定置漁場、黑潮海洋文教基金會、多羅滿賞鯨、洄瀾窩青年旅舍
4. 宣傳：臉書粉絲專頁與官方網站
5. 客源：本地客約50%、外地客約50%

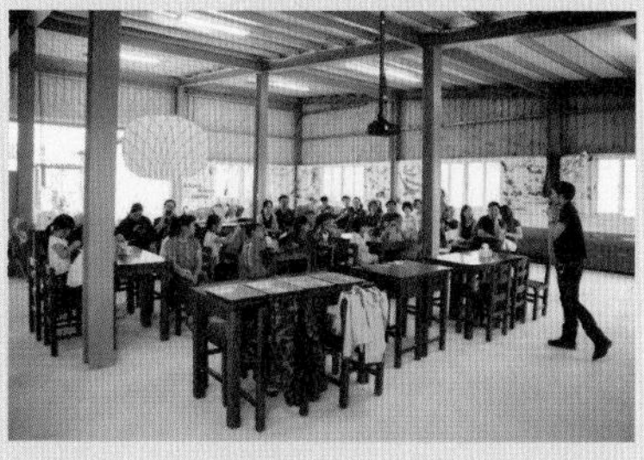

追尋內在原始本質的光

光織屋—巴特虹岸手作坊

文字——張美保、王玉萍

用燈藝做創作，真正的初心是想探尋人原始心靈的居所，那最內在的光，進入部落也是為了尋找這個。不管是透過創作呈現或是課程分享，我真正企求的，是希望把每一個人與生俱來的內在生命能量呼喚出來。——陳淑燕

19

海岸線

左：杜拉克，右：陳淑燕

「光織屋」是一個扎根在部落裡的工作室，是纖維藝術家陳淑燕（燕子）以及竹編創作者杜瓦克的創作基地。一個大空間錯落展示著令人驚艷的燈藝作品，以噶瑪蘭族傳統竹製捕魚工具「魚筌」和台灣島嶼的樹皮為主要創作元素。另一個大空間裡累積著各式天然素材、製作工具，以及創作中的作品們。

平日淑燕（燕子）與杜瓦克在這兩個空間穿梭工作，或接待訪客、或電腦桌前製作結案文件。不時聽見後方有各種鳥叫聲傳來，會看見一隻雞自由晃蕩穿梭，兩隻狗曬太陽，一位優雅老人家從房門走出來說要去訪友，杜瓦克午後倒在沙發上呼呼睡，燕子坐在書架旁看書。原來這裡也是生活的家。家庭成員目前有燕子與杜瓦克、杜瓦克的爸爸、椋鳥麻糬、母雞橘子、狗子斑斑與西蘿，以及人數不定的小幫手們。

光織屋坐落在新社台11線公路邊，有著大片陽光、

開闊視野。從客廳望出去是太平洋，公路邊有下坡路到海灘。夏季退潮時呈現細緻沙灘，冬天換成礫石灘。南北邊都應居民對安危的要求投放了消波塊，光織屋前完整的沙灘原貌很是難得，呼應著燕子和杜瓦克一直在探求的，最本質的東西。

這個時代，傳統手藝在流失當中

燕子十幾年前來到新社是為了協助剛成立的香蕉絲工作坊，因為她喜歡單純生活，喜歡古老手藝，曾在台灣各部落遊走多年，許願要為部落做些什麼，現下有緣分能實踐願望，就來了。

在香蕉絲工坊裡的那一年，燕子非常認真投入工作，告一個段落之後，卸下工作狀態回到自身，想要繼續留在新社，從一個生活者同時是創作者的角度去思考，「台灣原住民保有的一些東西其實是珍貴的，但它也會慢慢流失掉，我可以做一點什麼事情？既然是用纖維編織來做創作，就給自己一個使

命感，希望對原住民手藝的傳承幫上一些忙。」

燕子要將美感與設計帶入部落編織工藝，在執行的時候又想到要讓年輕人有所連結，於是去東華教書，期間辦了兩次東華和北藝大合作的部落編織工作坊。自此以後燕子引導的工作坊不只是「學手藝」，而是深度體驗「工藝是從部落生活裡長出來的」。工作坊的工作人員也是按照生活專長分工：由噶瑪蘭族的杜瓦克和耆老龍爸帶學員走入部落進行文化導覽解說，到大自然中採集天然素材，回來後由燕子負責教授處理素材、嘗試創作，也邀請部落工藝師一起來教授傳統技法。後來也找來邊做邊學的小幫手們。燕子溫柔地說：「這些過程中產生的有機互動、相互學習與成長，都成為日後光織屋持續辦工作坊的目的與初衷。」

新社噶瑪蘭族有過遷徙逃亡的歷史，曾經文化是被隱藏起來的，部落耆老想要找回自己的歷史，不停述說著故事，但他們年紀大了。於是燕子深入部落

拜訪，發現噶瑪蘭族的魚筌製作方式單純原始，直接使用竹子原形的概念是很有趣的創作元素，燕子和杜瓦克找部落大哥耆老們一起研究，「魚筌的形態像是呵護著人的靈魂，」她說：「我們想轉變漁筌的傳統捕捉功能，讓手藝繼續操作下去，所以找出帶給現代人更多精神功能的，就是燈藝。」

接著燕子和杜瓦克成立工作室「巴特虹岸手作坊」，輔以一位部落大哥協助，以魚筌為主要元素持續進行設計，燕子說：「我們對地方的情感，是希望這個地域的故事與特質被看見，具體實現在當代的空間美學設計上。說是推動在地文化，或許更貼切是土地文化。人們運用土地上的天然素材，累積出的工藝智慧。」

光織屋，回歸根源開闊明朗

巴特虹岸的噶瑪蘭語意是「船停泊靠岸的地方」，正是族人最初來到新社上岸的地點。幾年後巴特虹

岸手作坊被房東收了回去，燕子和杜瓦克離開新社兩年，才又找到了現址「光織屋」。再次回來，慢慢經營，「我們用透明纖維引進很大的光線，想要這個空間有更多光進來。」燕子環顧四周笑著說，光織屋地域開闊明朗，期許自己的視野更開闊，更專注於創作，並茁壯為藝術空間和教育平台，聚焦在引導更多人認識理解自然素材與古老手藝。

燕子說：「一開始大家對要消失的文化都有危機感，但我覺得最重要的，還是回歸到內在的問題，那是每個人普遍的共通性。之前會借用很多創作方式來投射我的想法，其實想要恢復原住民的某種文化，那麼現在的我看見，都是與自然之間的關係。」

她重視自然採集，作品形象簡練，「不複雜的形式裡有著豐富的內在。」專注於工藝創作的光織屋，也一邊進行著工作坊，和部落之間超越以前的模式，從帶學員走訪部落深度體驗進展成互相合作，例如與部落人共同完成公共藝術作品，只要光織屋能力

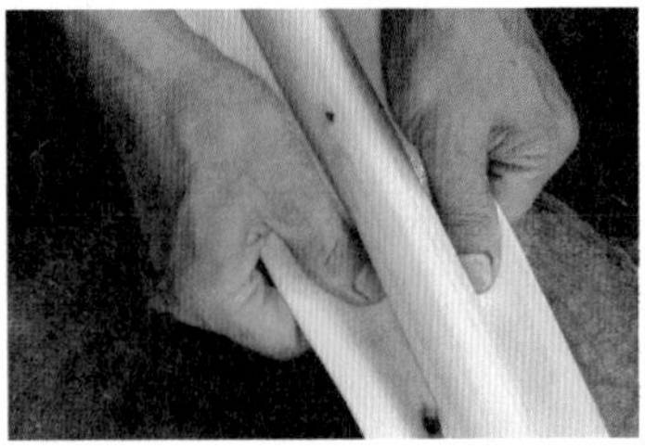

所及的，會盡量去促成。

海邊的工作室，做每一件事情都是享受

他們的生活與工作場域連結，基調上是自由的，性格不同的搭配互補彷彿二重合唱。

燕子不擅拒絕，工作內容除了創作，也接計畫、辦工作坊、受邀參展、承攬及投標，「事情們一直來，我其實很喜歡享受慢的細節和過程，連寫結案報告時，也當作整理想法的機會，把照片編排得很棒、文字寫得很好，會有成就感很開心，但常常因為時間壓力，而成為了所謂被追趕的工作。我的個性有一種不能被等的緊張，這時節奏就會變得很快。」

杜瓦克也是認真工作者，然而原住民豁達的基因，呈現出與燕子不同的節奏。例如夏日上午工作完畢，午餐後必小睡，起來精神飽滿上山採黃藤，二個小時下山後衝向大海，身體消暑也洗乾淨了，換件衣服去查看燻烤一下午的飛魚乾，流暢地轉換成夜晚休閒節奏。燕子老師這時一起品嚐，等於被提醒，休息一下。

燕子想慢慢地調整步調，「其實我做的事情都是自己喜歡的，需要選擇性地規劃，有效率地完成工作，才有時間悠閒啊！」

用創作追尋內在本質

燕子說：「大學畢業後有一段時間，都在旅行追尋自己。雖然經歷藝術學院的洗禮，但心中仍有一種虛無，不覺得創作是生命裡多麼重要的事情。」如現在的年輕人一樣，她做過很多事、拜訪很多人、體驗很多種生活，當經驗逐漸累積時，也慢慢感受到，自然生命一直在變化，再多美好，最終都會凋零死亡。「發現內在的『我』是很強韌的，希望能在世界上留些什麼痕跡。」這樣的渴望，觸動她創作。

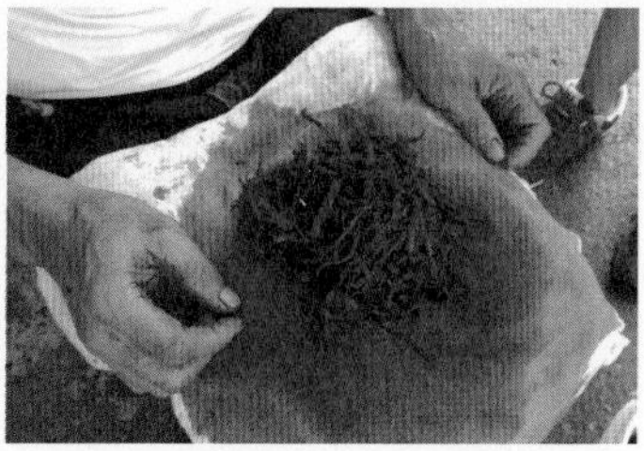

「不管是用寫作、畫畫或拍照來創作，那都是很深的自我探索，不論是自我、所有生命，還是對宇宙的思考，它是需要一直去爬梳的過程，具有很大的魅力。」

● 職人條件

1. 人格特質

喜歡大自然：相信大自然給予的能量，並希望帶著更多人去接觸親近。

喜歡手藝創作：身體在創作過程中與物件有很大的互動，需要有耐心執行。

執著的個性：不怕困難，把事情做到底。

要求完美：不只完成事情，還要做到好到位，對自己與他人有所交代，作品才有存在感。

2. 基本配備

對天然材質的知識、採集與處理的能力。

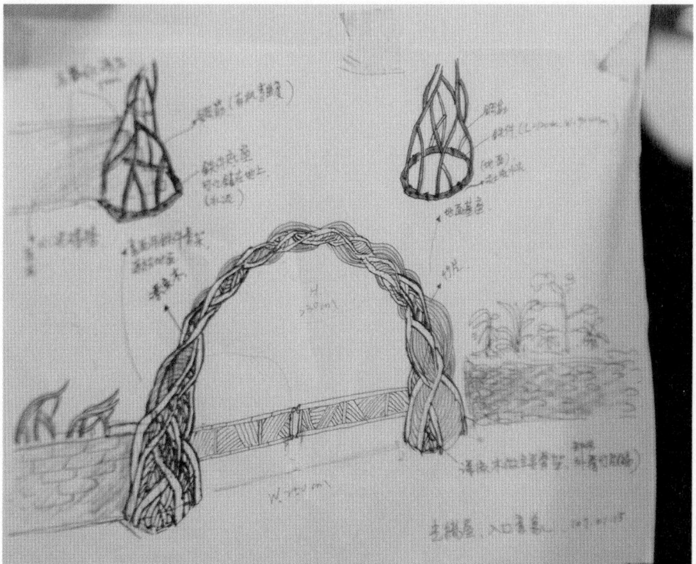

燕子和杜瓦克在這充滿光的空間裡，持續思考創作、帶領工作坊，照顧自己也守護原住民文化、土地與自然、古老手工藝。光織屋就像魚筌燈，呵護著靈魂的光。

光織屋—巴特虹岸手作坊

2014 年開業

電話：0912-654-312

臉書：光織屋 - 巴特虹岸手作坊

網站：www.pateronganart.com

(藝術家創作工作室，參訪請預約)

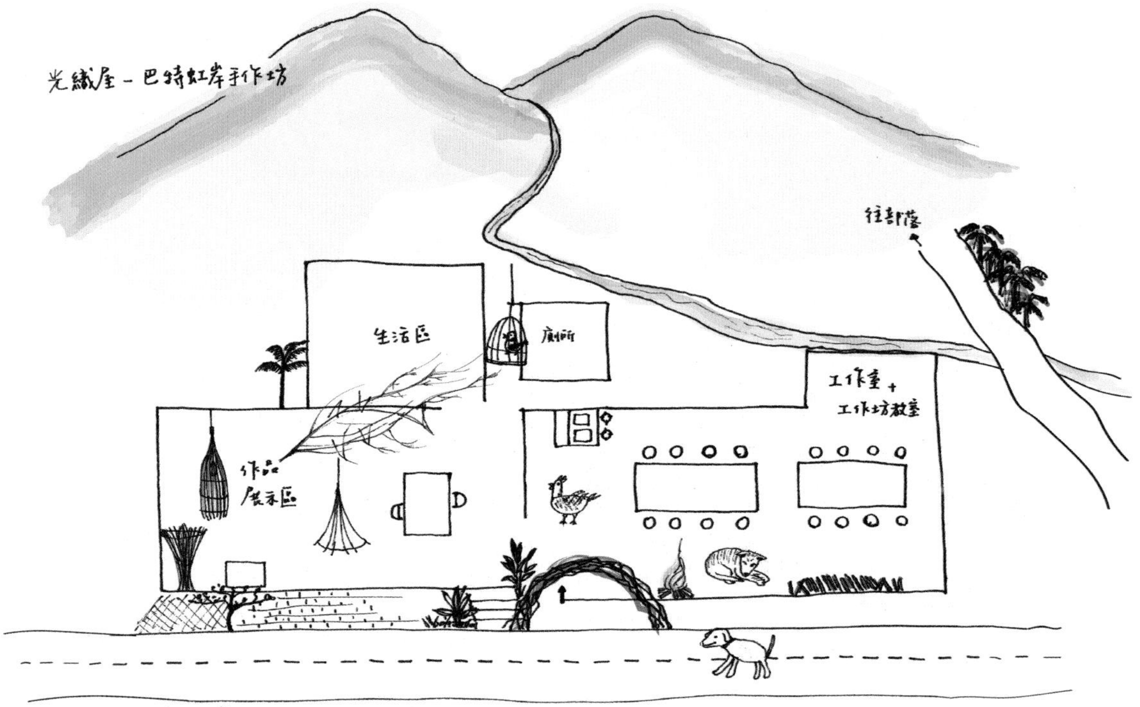

●老闆的一天

06:00-07:00	起床、盥洗、喝杯水、準備早餐材料
07:00-07:30	燕子帶狗狗往山的方向散步
07:30-08:30	健康早餐
08:30-09:30	準備工作或閱讀思考一天工作進程
09:30-12:00	工作，近期要結束的優先（山上採集材料、創作或結案、新提案等文書）
12:00-14:00	午餐（多半燕子準備）
14:00-18:00	燕子工作，杜瓦克小睡一會後展開活潑工作內容，比如燻製飛魚乾或處理材料
18:00-20:00	豐盛晚餐（多半燕子準備）
20:00-22:30	燕子工作，無工作時閱讀、看訊息，杜瓦克的生活內容一樣較活潑，比如參與部落活動
22:30-	燕子夜間散步，收拾並盥洗，盡量勉勵早點休息

●經營支援系統

1. 人力：老闆二人（承接大型工作案時，會與部落合作或徵五至七位小幫手）
2. 設備：創作性工具__樹皮布搥製等工具、草木染鍋爐等用具、銷竹子機器、刀子、鋸子、手套、鐵件、釘槍、剪刀
結案性工具__電腦、列表機
3. 客源：外地客 100%（參與工作坊者以女性居多）

用一座山做接待

高山森林基地

文字——王玉萍

我的爺爺從中央山脈走到海岸山脈拓墾家園，

我爸爸務農一半放棄去做木工，到了我則是完全放棄去從軍。

我從家族脈絡發現近代原住民的困境，是每一代都放棄了原本的方式從頭開始。

部落需要持續累積的產業基礎，一定有什麼方式改變？

當我接待美國麻省理工學院、加拿大渥太華大學，學生們素質讓我非常驚艷。

他們勇於主動嘗試，發問、專注、探索。

原本以為我是回饋家鄉，它卻回饋了我對孩子未來教育的思考。——馬中原

20

海岸線

馬中原，朋友都叫他小馬，結束軍旅生涯時剛四十出頭，回故鄉磯崎不是想退休，而是展開籌備十年的計畫，「我用布農族語唱歌，歡迎各位。」小馬站在爺爺最早居住過的石穴外，以努力練就的吟唱，為高山森林基地體驗行程送上祝福。

永遠要記得山林，你的家

靈境追尋課程的帶領老師前來與小馬洽談夏天合作事宜，承襲自印地安人的追蹤師訓練，要在無人為破壞的山林裡進行數日。兩人談及在森林裡的「五感體驗」，小馬發現那不正是爸爸教授的方式嗎？看著眼前獵物、傾聽兩側聲響、感覺後方……

「我家每個兄弟在小時候，都會被爸爸帶到森林裡，要獨自度過下午四點到晚上八點，體驗從白天到黑夜的變化、學習孤單。」小馬的爸爸也是這樣被訓練的。爺爺是巫師也是獵人，會觀察男孩子，能在森林裡行動自如的，未來會被訓練為獵人；能在田

裡照顧農作物的，未來會被訓練為農人。奶奶是產婆懂藥草，會觀察女孩子，哪個善於織布、哪個會辨識藥草。這個家族就能依良能分工、互助生活。

小馬從孩提時代就聽族人提及備受景仰的爺爺「馬大山」種種故事，爺爺為族人治病解決各種困境，近百年前，他尋找耕作打獵場域從中央山脈來到這裡，確認是一處可永居的新家園，便招集親族搬過來，子孫繁衍到現在，「高山部落」應該是唯一會撒網捕魚的布農族，「但在爺爺來的時候，可能並不知道山下住著阿美、撒奇萊雅等其他族呢！」這些技能是為求落地生根，必須順應環境求生存，而向其他族群努力學習來的。

離家，是部落孩子的命運

豐濱鄉磯崎是台灣族群最多的村子，阿美族、布農族、撒奇萊雅族、噶瑪蘭族、客家人、閩南人、外省人、太魯閣族，在不同時期匯聚到此。二〇一五年磯崎

村爆發「山海劇場」開發案的議題，小馬發動離鄉的布農族長者青年關注，最後近一百多人參與的連署，當中就有七十多個是布農族，「根本是造成磯崎大轟動，默不作聲的布農族，原來也可以團結起這麼多人。」其實，小馬也曾經是「發誓一定要離開」的孩子之一。

從前部落人的職業不外乎木工、農夫、軍人、警察、公職……沒有管道探索還有哪些工作可供想像。「我是家裡最會抗議的小孩，想跟同學一樣去補習、去海邊玩，但無效，放假都必須幫忙務農。」長大後他選擇當職業軍人，「我的自尊心強、學很快，做軍人做到第十年，我發現已經沒有可以學的了，回頭注意到部落，發現還是很貧窮，農夫都老了。」

回鄉，從最不想做的開始

「我可以回饋些什麼？」從此小馬休假都是回鄉進

行資源盤點。請教以前部落種植過什麼？老人家說以前種的地瓜像西瓜般大，他覺得是唬爛，拿土壤去農改場檢驗發現，一般土壤有機質2～3度，家鄉的竟高達十一點多，根本是破表的好土！海岸山脈火山爆發累積的沈積岩富含氮磷鉀。他以為最落後的地方，居然土壤全是黑金。

「神沒有虧待我們，給的土地很多，恩典已經是很夠用的，只是我們要知道如何運用？」小馬也把太太亞平拉進來了解「務農之道」，蜜月旅行去高雄的農場參訪。接觸樸門園藝後，選定種植綠竹筍，他的未來藍圖其實不只務農，「亞平協助活動接洽，小馬擔任生態文化解說，客人來了吃部落阿姨做的餐，這時就會需要更多農夫參與種植，接著串聯銷售部落手工藝品……」抱著夢想默默做了四年假日農夫，很孤獨，「兄弟姐妹都不會回來，一個人再努力也用不到這麼多土地，而且改變好慢好慢……」

「坦白說，只是因為你們（原住民）早一點來，其實土地不屬於任何人，人們應該要合作，一起照顧讓大家存活的土地。」小馬敬仰的一位謝光榮大哥曾經這樣提醒他，把土地分享出去，讓更多志同道合的人進來，把好的事情做出來，才能在部落裡產生影響力。

站上勇氣石

「應該不是擁有土地，而是如何使用它。」好朋友來借場地進行攀樹活動，帶給他靈感，應該要合作！「高山森林基地」從接受預約體驗開始，還找到兩位有經驗的朋友輪流擔任副引導員，「他們各自有工作專業，還能與他們互相學習。」

小馬不再侷限於「自己人」，他發現自己做對了！高山森林基地逐漸活絡。有布農族年輕人來問，「可以回來跟你一起工作嗎？」因為族人看得到，小馬把部落傳承與在外學習的能力，盡力實踐在祖先開

墾的林地上：學自樸門的生態實驗廁所、依照祖先居住空間搭建起露營區、在打獵路徑上帶領森林歷險體驗、整理維護水源地環境安排老樹溯源行程。

在創業過程中沒有忘記部落傳承，祖父輩帶著孩子在山林打獵、辨識藥草，具體實踐在生活中工作學習。小馬也希望能盡量讓孩子除了進入現代學校，同時也能在山林裡學習。他花費多年四處搜集老木頭老物件才把老家舊屋整修好，舉家從市區搬回磯崎。只要他進入高山森林基地工作盡可能帶著孩子同行，清楚自己的作為舉止，就是孩子的學習模範。

由小馬引導的森林歷險體驗，終點有一塊「勇氣石」，從一個梯子爬上去，保證是你這輩子見過最美的太平洋俯視角度。這是小馬用十年生命與信念搭建起來的美麗，「從無到有，要整理到小孩也可以走上去，確實滿累的。但如果我不做，神賜的土

地永遠還是荒廢的。把小型農業、部落廚房、自然建築等累積在基地上，部落人或志同道合的人在這基礎下合作，不再是從零開始。」

職人條件

1. 人格特質

樂於分享：要有想照顧人的心，人格是溫暖的。

組織能力：腦袋有想法，言之有物。

行動力：不能只會想，要敢做敢為、要有衝勁。

有定見：要有自信肯定判斷是對的，不輕言放棄。

2. 基本配備

實戰經驗：要有團體工作的經驗。

基本財力：要有足夠金錢做基礎的投資。

基礎建設：生態廁所、部落廚房、森林營地。

餐飲服務：部落婦女風味餐。

精神支持：家人認同，有固定與神獨處的時間。

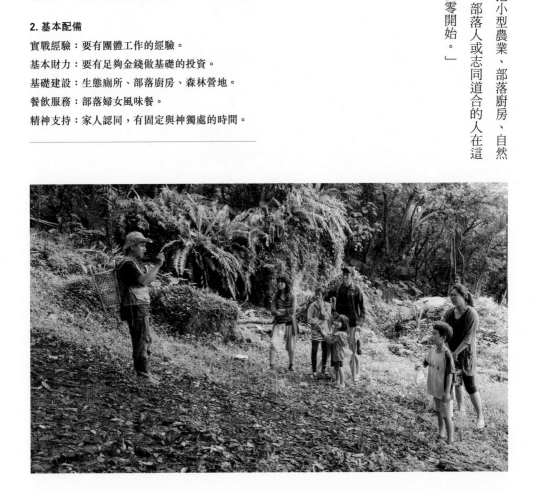

高山森林基地

2016 年開業

地址：花蓮縣豐濱鄉磯崎村高山一鄰 2 號

電話：0933-991-926

臉書：高山森林基地

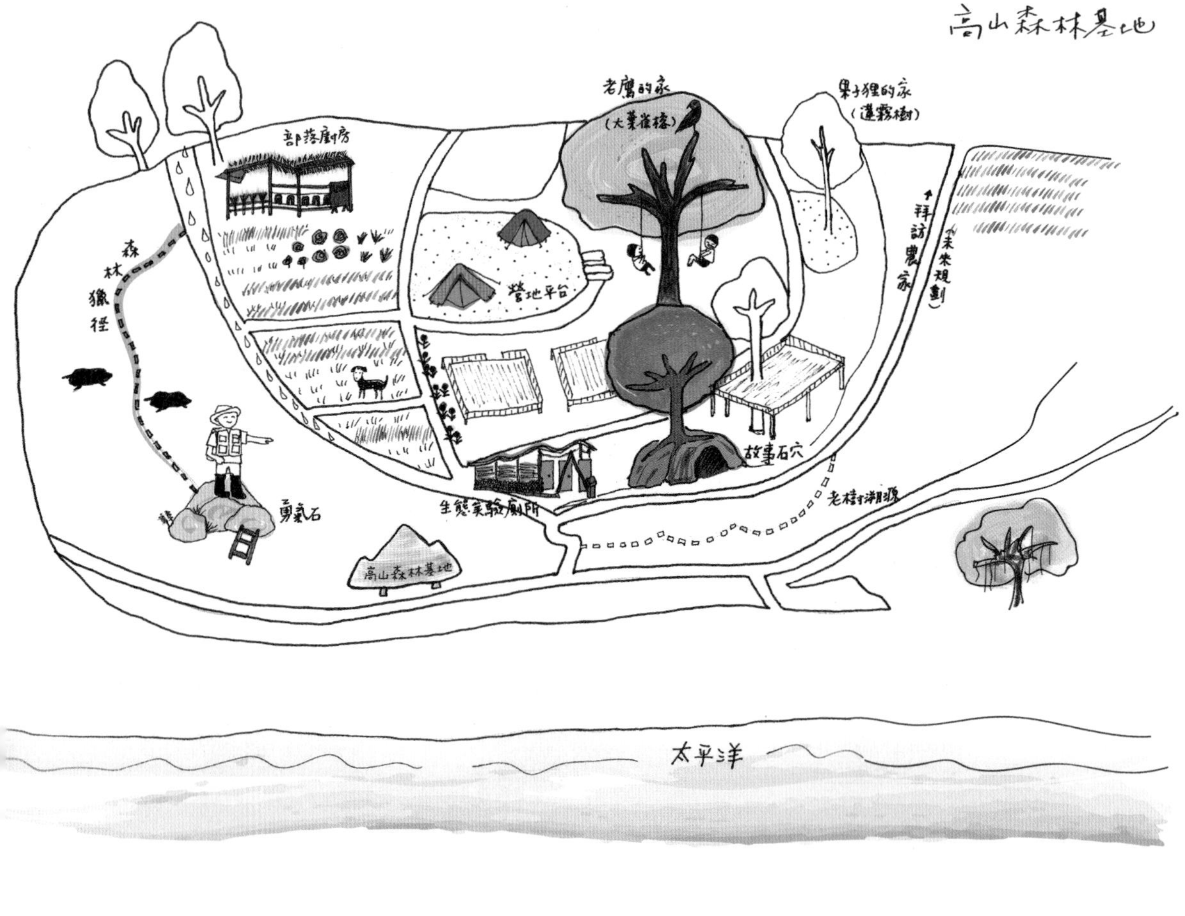

老闆的一天

前置作業——

兩天前先做準備工作，除草、清潔、巡視各地安全。同時思考每一梯來的客人特質，適時修改解說活動的內容。

活動行程——

07:00-10:00	工作夥伴做最後整理準備，小馬 08:00 來安靜一下
10:00-11:00	小馬導覽解說
11:00-12:30	小馬帶領森林歷險
12:30-13:30	部落午餐
13:30-14:00	休息
14:00-18:00	攀樹活動
18:00-19:00	部落晚餐

露營行程——

15:00-16:00	園區導覽
16:00-17:30	紮營
17:30-18:00	休息
18:00-19:00	部落晚餐

後續作業——

收拾場地，檢討活動流程。

經營支援系統

1. 人力：老闆一人、資源分享夥伴三人
2. 遊程：森林歷險、爬樹體驗、老樹溯源體驗
3. 合作：好生活合作社
4. 宣傳：臉書
5. 客源：本地客約 10%、外地客約 90%（其中外國客約 10%）

附錄1

經營支援系統

自宅職人「入行祕笈」，成就一門好生意！

創業的條件，除了考量自身的專業、熱情、資金與地點。還需注意——這個城市有服務該行業的「支援系統」嗎？

例如，想創業開網路公司，鄉下比城市的支援系統少，困難度便增高。因為當維修等原物料與人力等必須從外地進口，不只成本將會提高，效率也大受影響。偏重旅遊發展的城市裡，某些行業的在地支援系統過少，則可能會因為較無在地特色，而失去經營優勢。如何尋找在地的支援系統，並將其「做精做深」，是自宅經營重要的關鍵。

書中的自宅職人們無私分享經營之道，鼓勵有意自宅創業者，降低新手上路的門檻，一起完成了這份「入行祕笈」。它的功能是：外地想自宅創業的朋友，可參考某行業需要哪些支援系統？部分支援系統是全國性無區域差別的。花蓮朋友或許還能從中發現某個「花蓮在地尚欠缺的支援系統」，正好是可率先創業、發揮專業的一門好生意呢！

人力

以自家人為主力。如有僱聘人數也少，主要是接替輪班的功能。因人力單純，工作調整時反而更為彈性。

01─珈琲花 Caffe Fiore：老闆一人
02─花蓮好書室：老闆二人
03─半寓咖啡：老闆二人、僱一人
04─大書 Studio：老闆一人
05─5+商行：老闆二人、僱一人
06─手井：老闆一人
07─魂生製器：老闆二人、僱一人
08─聲子藝棧：老闆一人、僱六人
09─崩岩館：老闆一人、夥伴三人（資源分享）
10─左手罌粟花：老闆一人
11─花蓮旅人誌：老闆二人
12─美滿蔬房：老闆一人
13─美美里信窯烘焙：老闆二人、家人二人
14─偶在工房：老闆一人
15─禾亮家：老闆二人
16─糖，來了：老闆一人、僱四人
17─美好花生：老闆二人、僱六人
18─洄遊吧 Fish Bar：老闆二人、僱二人
19─光織屋─巴特虹岸手作坊：老闆二人、不定期幫手五至七人（承接工作案時與部落合作或徵小幫手）
20─高山森林基地：老闆二人、夥伴三人（資源分享）

裝潢

裝潢工班在地尋找須慎選。職人們建議不宜找不認識的工班合作，熟悉或看過其作品，施工品質較有保障。因考量營運空間不大、成本控管、風格掌握等因素下，受訪的老闆中有超過半數會自己進行（全部或部分）裝潢施工，以下沒有特別標示的就是老闆自己做。

01—**珈琲花 Caffe Fiore**
- 木沐工作室（志．工手作）／地址：花蓮市忠孝街 68 號，電話：蘇國志 0928-512038，李欣潔 0921-899068

02—**花蓮好書室**
- 木沐工作室（志．工手作）／地址電話同上。
- 名爵系統櫥櫃／地址：花蓮市林森路 149 號，電話：03-8350650
- 宏暐設計有限公司／地址：花蓮縣吉安鄉中華路二段 105 號，電話：03-8526107
- 蘋果廣告印刷招牌／地址：花蓮市博愛街 301 號，電話：03-8330588

03—**半寓咖啡**
- 馬先生工班／電話：0935-285525

06—**手井**
- 勤義企業社／地址：花蓮市國富 17 街 9 號 1 樓，電話：0925-128925
- Art Deco／地址：花蓮市中美路 104 號

07—**魂生製器**
- 老闆設計，花蓮工班

08—**聲子藝棧**
- 榮祥裝潢／地址：花蓮市中華路 406 號，電話：03-8311858

09—**崩岩館**
- stone 攀岩館／地址：新北市新莊區三和路 58-12 號，電話：0963-004402

設備

咖啡館、文創商品店家多選在老宅居住營業，喜歡手感用品或二手復古風格家具，餐廳、工作室等則更偏向選擇實用性的居家設備。多數是自行在各地精選，或多集中在幾間知名居家品牌購買，幾乎都沒有在花蓮的傳統家具（家飾）店購買。

01—**珈琲花 Caffe Fiore**
- 秦境老倉庫／地址：台北市大同區民樂街 153 號，電話：0921-067050
- B.A.B Restore／地址：台北市大安區安和路二段 71 巷 8 號，電話：02-27357708
- 唐青古物商行（April's Goodies）／地址：台北市羅斯福路一段 83 巷 17 號，電話：02-23418799
- 加興資源回收行／地址：花蓮縣吉安鄉中興路 15 號，電話：03-8531936
- 重慶市場二手攤／地址：位於花蓮市重慶路、自由街、明義街交叉口。
- 台北福和橋下市集／地址：跨越新店溪，連接新北市永和區，台北市中正區（分為傳統市場區、跳蚤市場區，另有假日花市）。每日 7:00—11:00
- Giocare 義式手沖咖啡／地址：花蓮市樹人街 7 號，電話：0980-917424
- MAO's Design 生活陶器

02—**花蓮好書室**
- IKEA／（敦北店），電話：02-4128869 分機 1。IKEA（新莊店），電話：02-412-8869 分機 2
- 有情門／地址：台北市大安區敦化南路 1 段 142 號，電話：02-27139681
- 東一傢俱／地址：花蓮縣吉安鄉和平路一段 230 號，電話：03-8577851
- 昶欣電器行／地址：花蓮市中華路 182 號，電話：03-8331387
- 集雅社（花蓮遠百）／地址：花蓮市和平路 581 號，電話：03-8355588
- 台灣立傑／地址：花蓮市中山路 12 號，電話：03-8350099
- 無染（花蓮文創園區櫃）／地址：花蓮市中華路 144 號，電話：03-8313777
- 無印良品／地址：花蓮市和平路 581 號（花蓮遠百），電話：03-8355588

03—**半寓咖啡**

Giocare 義式手沖咖啡／地址電話同上

● 加興資源回收行／地址電話同上
● 新協發（台灣民藝懷舊老傢俱雜貨）／地址：花蓮市中原路717號，電話：0978-367730
● Delicate antique／地址：台北市大安區嘉興街346號，電話：02-87325321

04—**大書 Studio**

● 永樂市場／地址：台北市大同區迪化街一段21號，電話:02-25566044
● 和諧生活有機棉／地址：台北市文山區和興路52巷9號1樓之9，電話：02-22360528

06—**手井**

● 香港紅A／地址：香港新蒲崗大有街25號，電話：+852-37988788
● 長尾工作室／地址：香港牛頭角偉業街128號香港企業大廈
● 立貴燈飾／地址：花蓮市林森路129號，電話：03-8334478
● 愛買／地址：花蓮市和平路581號（花蓮遠百），電話：0800-018688
● Hola／電話：03-8330098（特力屋花蓮店），電話：0800-000338（花蓮店）
● Art Deco／地址同上
● 無印良品／地址：花蓮市和平路581號（花蓮遠百），電話：03-8355588
● 生活工場／地址：花蓮市中正路472號，電話：03-8334909
● 大春棉被／地址：花蓮市中山路一段26號

07—**魂生製器**

● 鴻勝爐業／地址：新北市汐止區汐平路一段111號之1，電話：02-86485888
● 太麟化工／地址：新北市鶯歌區建國路249號，電話：02-26793553

11—**花蓮旅人誌**

● 健豪印刷／地址：台中市西區忠明南路230號，電話：04-36008366

13—**美美里信窯烘焙**

● 瑞豐行／地址：花蓮市自強路201巷2號，電話：03-8526166
● 百分百文具百貨精品／地址：高雄市鳳山區文濱路138號2樓，電話：07-7775171
● 卡之屋網路科技印刷／地址：台北市南京東路五段66巷20號1樓（台北店），電話：02-27603427。新北市中和區中山路二段348巷4號1樓（中和店）。電話：02-22428330

15—**禾亮家**

● 煌崗包裝／地址：台中市霧峰區林森路435-6號，電話：04-23301988

16—**糖，來了**

● 冶綠生活服飾／地址：台北市大同區民族西路223-16號6樓，電話：02-25872777
● 綠天下有機棉／地址：新北市板橋區陽明街23巷3號2樓，電話：02-22578611
● 永樂市場／地址：台北市大同區迪化街一段21號，電話：02-25566044
● 花蓮阿華拼布／地址：花蓮縣吉安鄉南山一街74號，電話：03-8522230
● 允順紗線行／地址：台北市大同區重慶北路二段46巷7-9號，電話：02-25568047

17—**美好花生**

● IKEA／地址電話同上

原料

多數在地已可供應，少數特殊原料需進口。在地供應商已備有各類基本食材，約可達到百分之九十的食材在地購買，甚至不少職人大量採用在地無毒農產，唯咖啡豆、香料一些特殊食材，品質與價格仍屬外地購買為優。

01—**珈琲花 Caffe Fiore**

● Giocare 義式手沖咖啡／地址：花蓮市樹人街7號，電話：0980-917424
● 重慶市場／位於花蓮市重慶路、自由街、明義街交叉口
● 內湖花市（台北花市）／地址：台北市內湖區新湖三路28號，36號，電話：02-27909729
● 運達鮮花店／地址：花蓮市富吉路51號，電話：03-8565615

03—**半寓咖啡**

● 大麥食品原料行／地址：花蓮縣吉安鄉建國路一段58

號，電話：03-8461762

● 萬客來烘焙原料行／地址：花蓮市中華路382號，電話：03-8362628

● 苗林行／地址：台北市內湖區瑞光路513巷26號8樓之2，電話：02-26589848

05—**5+商行**

● 禾亮家（無花果、草莓）／地址：吉安鄉南華村山下四街10巷3號，電話：0975-377615

● 美好花生／地址：鳳林鎮中和路46-1號，電話：03-8761330

12—**美滿蔬房**

● 健草農園／地址：花蓮市中福路25號，電話：0917-241-170

● 花蓮好事集／地址：花蓮市福建街460號（鐵道文化二館）

13—**美美里信窯烘焙**

● 富源茶葉山莊／地址：花蓮縣瑞穗鄉舞鶴村中正南路2段255號。地址：新北市五股區中興路一段8號6樓之1（台北辦事處），電話：02-89769725

● 好市多Costco（新竹店）／電話：03-5638000

● 本居立／地址：花蓮市中原路296號，電話：03-8360000

● 大麥食品原料行／地址電話同上

● 萬客來烘焙原料行／地址電話同上

● 開元食品花蓮營業所／地址：花蓮市林森路401號1樓，電話：03-8330275、03-8330875

15—**禾亮家**

● 黃裕泰種子行／地址：花蓮市公正街3號，電話：03-832-4760

● 農友種苗／地址：花蓮縣吉安鄉中央路三段403號隔壁（花蓮市果菜市場辦公室旁），電話：03-8563028

● 農莊花卉園藝中心／地址：花蓮市中原路45號，電話：03-8316789

● 花園城堡園藝資材倉庫／電話：048-833108

17—**美好花生**

● 鳳榮地區農會／地址：花蓮縣鳳林鎮光復路105號，電話：03-8761166

● 台糖光復展售中心／地址：花蓮縣光復鄉糖廠街19號，電話：03-8700693

客源

外地客群仍有開發潛力。除旅遊相關如民宿業是以外地客為主，咖啡館、文創商品店家等客源本地與外地客約各半，餐廳、市集等偏向日常消費，客源仍以本地客為主。商品適宜經營網路宅配銷售的店家，外地消費的比例則可提高。

01—**珈琲花Caffe Fiore**：本地客約30％、外地客約70％

02—**花蓮好書室**：本地客約5％、外地客約95％（其中外國客約2％）

03—**半寓咖啡**：本地客約30％，外地客約70％

04—**大書Studio**：本地客約50％、外地客約50％（均以女性居多）

05—**5+商行**：本地客約80％、外地客約20％

06—**手井**：外地客百分之百（台灣約48％、中國約48％、香港約3％、歐美約1％）

07—**魂生製器**：本地客約50％、外地客約50％（網路銷售為主）

08—**聲子藝棧**：本地客約50％、外地客約50％（住宿部分均為外地客）

09—**崩岩館**：本地客約30％、外地客約70％（其中外國客約35％）

10—**左手罌粟花**：本地客約50％、外地客約50％

11—**花蓮旅人誌**：本地客百分之百（不接花蓮以外案子）

12—**美滿蔬房**：本地客約70％，外地客約30％

13—**美美里信窯烘焙**：本地客約50％，外地客約50％

14—**偶在工房**：本地客約70％，外地客約30％

15—**禾亮家**：本地客約10％，外地客約90％（網站銷售為主）

16—**糖，來了**：本地客約10％，外地客約90％（網站約65％，市集擺攤約25％）

17—**美好花生**：本地客約50％，外地客約50％

18—**洄遊吧Fish Bar**：本地客約50％，外地客約50％

19—**光織屋—巴特虹岸手作坊**：本地客百分之百（參與工作坊者以女性居多）

20—**高山森林基地**：本地客約10％、外地客約90％（其中外國客約10％）

七星潭
18
193
中央路四段
中山路
花蓮火車站
國聯四路
國聯五路
美崙溪
尚志路
國民一街
09
商校街
中美路
民權路
07
建昌路
ABC
05
12
明禮路
04
建國路
自強路
建林街
林森路
大同街
民國路
菁華街
06
樹人街
10
海岸路
08
博愛街
軒轅路
02
林政街
和平路
成功街
03
自立路
01
中華路
自由街
太平洋公園
南、北濱自行車道
11
中正路
重慶路
9
中原路
19
新社海梯田
南濱路
20
193

附錄2

來體驗職人們的在地好生活吧！

海線、縱谷、特色預約行程

旅行時，會喜歡逛在地市集、傳統市場嗎？
混入在地人的生活場域，比逛觀光商店街有趣。
若是拜訪「自宅職人」，還可結交地頭蛇（老闆們），那更是吸引人啊！

二十位職人推薦工作之餘的「私房景點」，發現他們幾乎都是投奔大自然。得天獨厚的環境給予放鬆身心的養分，也影響職人的工作能量。「光織屋」主人燕子老師說：「心裡接受大自然刺激，有助於工作創作的開展。」「洄遊吧」主人Gigi說：「工作的地方就是在世界第一大洋的旁邊，國際著名的景點，就是有這個好處！」

這，就是花蓮。請來體驗職人們的在地好生活吧！

行程

舉例1 ● 海線探索行程

賞鯨→漁港或七星潭→光織屋19→北濱海邊

早上參加賞鯨行程，中午漁港小吃攤或七星潭特色餐廳，下午沿海台11線拜訪新社「光織屋」工藝家作品（請預約），晚上北濱海邊有熱炒店輕鬆晚餐。

舉例2 ● 縱谷美味行程

撒固兒步道→5+商行05→鳳林菸樓→美好花生17→珈琲花 Caffe Fiore 01或半寓咖啡03→扁食或蚵仔煎

早上撒固兒步道瀑布玩水，中午市區「5+商行」享用美食，下午走縱谷台9線鳳林國際慢城尋訪日式菸樓，在「美好花生」吃一碗花生湯，晚上市區「珈琲花 Caffe Fiore」或「半寓」喝咖啡，散步到附近吃小食扁食或蚵仔煎。

舉例3 ● 特色預約行程

鯉魚潭、鯉魚山→美美里信窯烘焙13→魂生製器07或大書Studio 04→太平洋公園→美滿蔬房12

早上走鯉魚潭、鯉魚山野餐，中午下山尋找香氣祕徑「美美里信窯烘焙」（麵包剛好出窯），下午訪市區好手藝「魂生製器」挑選陶器皿或「大書Studio」布製品。四點後太平洋公園看海散步，晚餐「美滿蔬房」享用在地食材美味。（以上店家均須預約呦！）

住宿

也許就入住職人民宿，可收集到更多旅行線索。

交通

機場火車站均有租車服務，台9線（縱谷線）沿途有火車站，台11線（海線）只有公車，約一小時一班，最晚班次在傍晚，建議先上網查班次。

職人推薦景點

市區海濱公園● 太平洋公園＋北濱自行車道

03—**半寓咖啡**：「從阿美文化館進去，最喜歡傍晚去坐在岸邊。溪水滾動大石頭的聲音，和大海邊很不一樣！」

05—**5+商行**：「太平洋公園有大草坪，我們會去野餐，很適合帶毛孩去散步的地方。」

04—**大書 Studio**：「散步或騎車從美崙溪出海口經過曙光橋一路到花蓮港，有綠蔭與四季的花。」

06—**手井**：「任何時候想要慢跑、散步、看月出，都總會來到北濱，與那些玩沙的小孩、打沙排的學生、看海閒聊的老人、野餐度周末的家庭，一同融為簡單生活的風景。」

近郊步道● 撒固兒步道＋七腳川溪畔

01—**珈琲花 Caffe Fiore**：「停車後只要走 580 公尺，就到達終點瀑布了！」

09—**崩岩館**：「步道有豐富的生態，也可俯瞰花蓮市風景。」

10—**左手罌粟花**：「步道坡度緩緩的，沿路樹蔭涼爽很多蕨類，溪水乾淨沁涼，真是棒極了！帶一本書、咖啡，野餐也很好。」

12—**美滿蔬房**：「春夏季去七腳川溪畔散步，有美麗的黃花風鈴木。」

縱谷溪流● 鯉魚潭＋白鮑溪、翡翠谷＋米亞丸溪

07—**魂生製器**：「早晨帶小孩去鯉魚潭，她很愛在環潭路上溜滑板車。」

08—**聲子藝棧**：「遊客很少，山頂很安靜景觀很好。懶惰時就開車從產業道路上山，只要走一小段步道就登頂了。」

11—**花蓮旅人誌**：「清早空氣裡還帶著昨夜的些許水氣，鯉魚山遮去大半陽光，少了燥熱。散步也好、騎車也好、運動也好，其實都是沉浸、是享受。」

16—**糖，來了**：「住在很容易去自然環境中散步玩水的地方，這是當初搬來花蓮的一大動機。」

14—**偶在工房**：「夏季到白鮑溪、翡翠谷玩水，散步時可採集花草。」

15—**禾亮家**：「夏天會帶小孩到米亞丸溪玩水，冬天會跑去瑞穗泡溫泉。」

縱谷田間● 鳳林國際慢城

17—**美好花生**：「清晨巡田同時散步，或是騎單車一路拍照就到劍英橋了。」

七星潭沿海● 新城都會鐵馬道＋定置漁場

02—**花蓮好書室**：「新城都會鐵馬道從建國路一路沿著山腳經過佳林，騎到德燕濱海植物區，有山有海。」

18—**洄遊吧 Fish Bar**：「東昌漁場或加灣海灘，早上日出和晨霧、下午海和夕陽山、晚上觀星和夜觀防風林小動物，還有每次漁人衝浪運載漁獲和漁場拍賣的畫面。」

新社里山里海● 部落產業道路＋海邊梯田

19—**光織屋—巴特虹岸手作坊**：「早晨產業道路散步，偶有老鷹蟬鳴，視野寬闊。傍晚會去海邊放鬆，順便撿木頭做創作，常年礫石灘在七八月變沙灘，非常棒！都會帶狗狗去玩。深夜在無光害的觀景台看滿天星星、聽海浪聲。」

20—**高山森林基地**：「新社海梯田四季都美，很適合遛小孩、放鬆一下心情。」

中橫● 合歡山

13—**美美里信窯烘焙**：「感受至少15度以上的溫差，很醒腦。雲海、雲霧飄渺，會讓人神清氣爽。」

自宅職人

20種完美平衡工作與理想的生活提案

作者群	寫寫字工作室
統籌	王玉萍
攝影	林靜怡
插畫	王心怡
設計	陳文德
校對	陳瓊如、林苡薰、鄭佩馨、王玉萍
圖片提供	張書榜(p9、p12、p27第二張)、徐歷權(p34右上)、半寓咖啡(p37第一張)、魂生製器(p80左上與右下、p81上、p83第四張)、花蓮旅人誌(p125第三張)美好花生鍾順龍(p142、p147第三張、p187、p188上、p189、p191第一張與左下)、楊正字(p155)、糖，來了(p179第一二張)、光織屋(p206、p208上、p209上)、高山森林基地(p221右上、p223第三張)

社長	陳蕙慧
主編	陳瓊如
行銷企畫	李逸文、廖祿存

社長	郭重興
發行人兼出版總監	曾大福
出版	木馬文化事業股份有限公司
發行	遠足文化事業股份有限公司
地址	231新北市新店區民權路108-2號9樓
電話	(02)2218-1417
傳真	(02)2218-0727
Email	service@bookrep.com.tw
郵撥帳號	19588272木馬文化事業股份有限公司
客服專線	0800-221-029
法律顧問	華洋國際專利商標事務所 蘇文生律師
印刷	呈靖印刷股份有限公司
初版一刷	2018年11月
初版三刷	2020年03月

ISBN	978-986-359-610-3
定價	390元

國家圖書館出版品預行編目(CIP)資料

自宅職人：20種完美平衡工作與理想的生活提案 / 寫寫字工作室著. -- 初版. -- 新北市：木馬文化出版：遠足文化發行, 2018.11
面； 公分
ISBN 978-986-359-610-3(平裝)

1. 創業 2. 職場成功法

494.1　　107018318